# 세컨드 네이처

뇌과학과 인간의 지식

# 세컨드 네이처

뇌과학과 인간의 지식

제럴드 에델만 지음

김창대 옮김

이음

# 세컨드 네이처

뇌과학과 인간의 지식

초판발행 | 2009년 7월 7일
5쇄 발행 | 2022년 4월 25일

지은이 | 제럴드 에델만
옮긴이 | 김창대

발행인 | 주일우
북디자인 | 조혁준·김윤미

발행처 | 이음
등록일자 | 2005년 6월 27일
등록번호 | 제2005-000137호
주소 | 서울시 마포구 월드컵북로1길 52 운복빌딩 3층
전화 | (02)3141-6126
팩스 | (02)6455-4207
전자우편 | editor@eumbooks.com
홈페이지 | www.eumbooks.com

ISBN 978-89-93166-19-4 93470
값 12,000원

주디스, 에릭, 그리고 데이비드에게 이 책을 바친다.

힘껏 뛰거나 산을 올라 자연에 완전히 조화롭게 녹아들어 느끼는 일체감. 이러한 절정 경험의 핵심을 이루고 있는 '의식'은 단순한 감각과 지각경험을 포함하여, 시간관념, 계획, 기억, 주의(집중 또는 분산), 가치, 정서, 자아감, 그리고 이를 의식하고 있다는 자각 등을 포함하고 있다. 이러한 의식의 여러 구성요소들은 모두 인지신경과학(cognitive neuroscience)의 연구 주제이다. 인지신경과학은 신경세포와 이들 간의 회로로써, 인지 기능을 이해하고자 하는 학문이다.

자연과학 분야의 대부분이 그렇듯이 인지신경과학 역시 과학적 환원주의 테두리 안에서 시작하고 발달하였다. 신경과학에 있어서 과학적 환원주의는 전체 뇌를 부분구조로 조각조각 나누고, 어느 한 부분구조 내에서도 기본구조 또는 기본회로를 찾아내어, 이들의 기능과 상호작용을 밝히고, 부분들을 짜맞춤으로써 전체 뇌의 기능을 이해하려는 접근이다. 대부분이 미지의 영역이던 신경계를 연구하는 데 환원주의적 접근법이 개념적으로 따르기 쉬운 사고의 틀을 제공하기도 했겠지만, 당대의 전통적 신경과학연구법이 개별 신경세포의 연구로 제한되어 있었기 때문에, 개별 신경세포의 수준에서 전체를 이해하려는 접근을 채택하지 않을 수 없었을 것이다.

이러한 환원주의적 접근법은 초기 인지신경과학의 발달에 큰 공헌을 하였다. 이제 감각이나 운동과 같이 인지기능의 입출력 양단에 해당하는 부분에서는 상당한 지식과 이해가 축적되었다. 그러나 감각과 운동 사이에 존재하는 과정 속으로 조금만 들어가면, 과학적 환원주의를 방법론으로 삼는 접근의 한계가 드러난다. 예를 들어, 감각에 매우 가까운 지각(perception)을 보자. 현재 모든 감각계를 통틀어 가장 많은 연구가 이루어진 것은 시각이다. 시각의 감각적 기초에 대한 생리학적 연구들을 통해 수많은 대뇌시각피질영역들과 각 피질영역이 특수하게 담당하는 시각기능들이 많이 밝혀져 있다. 하지만 아직도 한 개의 대상에 대한 시각적 지각—그 통합성과 온전성—의 신경기제가 무엇인지는 설명하지 못하고 있다. 예를 들면, 우리는 사과를 둥그스름한 형태, 붉은 색상, 놓여 있는 위치 따위의 나열로서 지각하지 않는다. 사과는 온전한 사과로서 지각된다. 여기서 더 나아가 여러 감각들 간의 통합이나 기억, 정서, 언어, 주의집중, 의사결정, 의지, 정신장애 등의 분야로 들어서면 문제는 더 심각해진다. 인지신경과학의 궁극적 연구주제인 의식, 예를 들어 자아의식이나 자각에 대해서는 대부분의 신경과학자들은 연구를 포기한 상태이다.

과학적 환원주의에 빠져 있거나 답을 찾지 못해 질망하고 있는 사람들에게, 제럴드 에델만(Gerald Edelman)의 의식에 대한 이론은 새로운 접근법을 제공하고 있다. 에델만은 1929년 출생한 미국의 생물학자로서 항체의 화학적 구조를 발견하여 면역학 발전에 기여한 공로로 동료인 로드니 포터(Rodney Porter)와 함께, 1972년 노벨 생리의학상을 공동수상하였다. 노벨상 수상 이후에는 다중세포유기체에서 세포의 성장과 발달을 통제하는 세포과정에 관한 연구를 시작하였다. 그는 초기 발생과정에서 세포와

세포 간의 상호작용에서 중요한 역할을 하는 물질인 세포유착분자(cell adhesion molecules, CAMs)를 발견하여, 유기체의 형체와 신경계가 발달하는 근본과정에 대한 중요한 업적을 일구었다. 이들 연구에서 에델만은 신경계와 면역계 발달의 유사점을 발견하여, 이후 의식의 출현에 대한 자신의 이론에 적용하기도 했다. 현재 에델만은 1981년에 발족한 신경과학 연구소(Neurosciences Institute)의 창시자이자 대표로서, 인간과 동물의 고차적인 뇌기능을 가능하게 하는 생물학적 기초에 대한 연구에 몰두하고 있다.

이 책 『세컨드 네이처』(Second Nature)는 에델만의 전작 『신경과학과 마음의 세계』(Bright Air, Brilliant Fire), 『뇌는 하늘보다 넓다』(Wider than the Sky) 등에 이어, 일반 대중을 염두에 두고 쓴 책이다. 문자적으로 '제2의 자연'은 습관과 같이 의식적 노력 없이도 자발적으로 쉽게 수행되는 후천적 행동을 뜻한다. 하지만 이 책에서는 이에 더하여 우리의 몸과 뇌를 통하여, 비록 그것이 실제 물리적 자연과 합일하지 않을지라도 당당히 우리의 의식에 존재하는, 자연스럽게 표상된 자연을 의미하기도 한다. '제2의 자연'과 '제1의 자연' 사이에는 어떤 관계가 있을까? 관계가 있다면 이를 과학적으로 설명하는 것이 가능할까?

1977년 이후 제안된 에델만의 신경다윈주의(Neural Darwinism) 또는 신경집단선택이론(neuronal group selection)에 의하면 뇌를 진화적 시스템으로 간주할 때, 우리 의식에 존재하는 '제2의 자연'과 물리적이거나 사회적인 '제1의 자연' 사이에는 연관성이 있으며 이에 대한 신경생물학적 설명이 가능하다. (그리고) 이 설명은, 의식의 계통발생적이고 개체발생적인 출현에 대한 진화적 설명을 제공할 뿐 아니라, 절망적인 상태에 놓인 기존 인식론들을 대체하고 자연과학과 인문학의 분열을 극복할 '뇌기반 인식론'(brain-based epistemology)의 기초를 이룬다. 마지막으로, 에델만은 착시와 같은 정상적인 의식이 범하는 오류와 정신병이나 뇌손상과 같은 비정상적인 의식상태를 자신의 이론 안에서 조명하고 의식이 있는 인공물인 뇌기반장치를 제작함으로써, 신경다원주의의 자기충족성(self-sufficiency)을 검증한다.

우리는 '제1의 자연'에서 살고 있지만, 우리가 삶을 살아나가는 데 있어 참조하고 있는 자연은 '제2의 자연'에 더 가깝다. 과학적 환원주의는 '제2의 자연'을 이해함에 있어 제한적인 데이터만을 생성해왔다. 에델만은, 신경가소성에 대한 도널드 헵(Donald Hebb)의 원리("함께 발화하면, 함께 결속한다"[Fire Together Wire Together]), 또는 신경구조들 간의 상호연결망(reciprocal connections), 그리고 신경조절물질시스템(neuromodulatory systems) 등, 신경과학 전반에서 널리 알려져 있는 개념과 구조를, 자연선택을 기반으로 한 진화과정에 연결시킴으로써, 의식과 그 기원에 대한 새로운 사고의 틀을 제시하였다. 이러한 새로운 사고의 틀은, 기능적 자기공명영상화(functional magnetic resonance imaging, fMRI)를 비롯한 비침습적 연구기법(non-invasive research techniques)이나, 다중세포연구법(multi-cell research tools) 또는 전뇌맵핑(entire brain mapping)과 같이 여러 세포 또는 여러 신경구조의 활동을 동시에 측정할 수 있게 해주는 첨단 연구기법들의 개발과 함께, 창조성이나 수리능력, 의식적 자각 등 고차적 의식을 다시금 과학적 연구영역 내로 가지고 옴으로써, 과학적 환원주의의 한계를 극복하고 '제2의 자연'의 대부분을 구성하는 의식의 온전한 모습에 대한 신경과학적 토대를 제공하는 데 기여할 것이다.

글: 정수영_한국과학기술연구원 신경과학센터 선임연구원

이 책은 뇌과학(brain science)의 진보가 인간의 지식 문제에 대해 어떤 함의를 내포하고 있는지를 이해하고자 하는, 산만하면서도 그렇지 않은 나의 노력으로부터 시작되었다. 내가 숙고한 결과들은 전통적인 인식론(epistemology)에 집중했던 철학자들이 사용한 것보다는 덜 엄격하고 다소 이질적인 용어들로 표현되었다. 나는 이 차이가 인간의 인식과정을 더 깊이 탐구하는 데 유용한 출발점이 되리라고 생각한다.

이 책의 차례를 언뜻 살펴보는 것만으로도 나 또한 의식(consciousness)을 이해하는 것이 이 모험에서 가장 중요한 부분이라 생각하고 있음이 드러날 것이다. 이 점을 염두에 두고, 나는 다음과 같이 논의를 진행할 것을 제안한다.

먼저 나는 의식이 어떻게 뇌의 작용에 기반하고 있는지를 밝힌다면 수많은 중요한 결과들이 뒤따르게 됨을 논의할 것이다. 그 과정에서 나는 우리가 이러한 기반을 이해하고 있다고 **가정**하고, 그러한 이해가 내포하고 있는 바를 펼쳐 보이고자 한다. 그 후, 나는 뇌의 작동방식을 이해하는 데 필수적인 뇌의 주요 특성과 개념을 기술할 것이다. 이러한 세부 설명을 이해하고 나면, 우리는 의식 자체의 본성에 접근할 수 있을 것이다. 그리고 의식의 기반에 대한 우리의 이해가 과학과 인간 지식 영역에서 초래하게 될 결과를 재검토할 수 있는 위치에 서게 될 것이다.

이 프로젝트를 현실화하면서 나는 기술적인 세부 설명은 가능한 한 피하려 한다. 기술적인 측면에 대해서는 이미 다른 책과 논문에서 여러 차례 다루었다. 따라서 이 책에서는 가능한 한 구체적인 사례와 은유를 사용해 뇌의 구조와 특성을 설명할 것이다.

나는 이 책이 세상과 우리 자신을 이해하는 데 있어 새로운 시각을 촉진하는 초기 단계의 탐색적 노력으로 받아들여지기를 바란다. 신경과학과 심리학 모두에서 아직까지 많은 간극이 존재하며, 보다 많은 것들이 밝혀져야만 인간의 사고와 지식에 대해 포괄적인 그림을 그릴 수 있을 것이다. 앞으로 전개될 논의는 그러한 탐색적 시도의 첫 획으로 생각해주기 바란다.

초고를 세심하게 읽고 비판적으로 조언해준 캐스린 크로신(Kathrun Crossin), 브루스 커닝햄(Bruce Cunningham), 조지프 걸리(Joseph Gally), 랠프 그린스팬(Ralph Greenspan), 그리고 조지 리이케(George Reeke)에게 진심으로 감사한다. 또한 초고를 준비하는 데 아주 훌륭하고도 꾸준한 도움을 준 디애너 스톳츠(Diana Stotts)에게도 고마움을 진한다. 끝으로 신경과학연구소(The Neuroscience Institute)의 여러 동료들에게도 감사한다. 그들은 이 책을 저술하는 동안 이루어진 여러 유용한 교류를 가능케 했던 귀중한 자원이었다.

| 차례 |

들 어 가 며

때때로 나는 꿈을 꾼다. 꿈속에서는 역사가 헨리 애덤스(Henry Adams)*가 등장해 복잡성에 대해 불평하며, 버진(Virgin)과 다이나모(Dynamo)에 대해 무언가 중얼거린다. 대개 꿈은 거기에서 끝난다. 깨어 있는 상태에서 꿈의 내용들을 충분히 상세하게 기억해냈을 때, 나는 그 꿈이 그의 책『헨리 애덤스의 교육』(*The Education of Henry Adams*)[1]에 나오는 유명한 장(章)과 관련이 있다는 것을 깨달았다. 그 장에서 헨리 애덤스는 엔지니어였던 그의 친구 랭리(Langley)가 1900년 파리전시회에서 선보인 40피트(약 12m) 크기의 발전기(Dynamo) 앞에서 느꼈던 불편감을 하나하나 열거했다. 그리고 그는 이 엔진의 복잡성과 성모마리아(Virgin)에게로의 종교적 귀의(歸依)의 단순성을 비교했다. 이러한 주제와 변주, 그리고 그가 그 시대에 느꼈던 불편감이 그의 책『헨리 애덤스의 교육』을 관통하고 있다.

...........................................................................................................................................

* 19세기 역사가로 역사는 기계적 힘, 엔트로피, 혼돈으로 향한다는 이론을 제안했다. 인간사회는 필연적으로 쇠퇴한다는 이론이다.

존 애덤스로부터 유래한 명망 있는 가문의 후손인 헨리 애덤스는 당대 영향력 있는 역사가였다. 그가 느꼈다는 소외감은 나의 추측을 자극했다. 그의 소외감은 단지 임상적인 우울증의 한 증상이었을까? 아내를 자살로 이끈 주변 환경과 뒤얽힌 것일까? 아니면, 과학(science)의 견지에서 세상을 이해하는 방법과 인문학(humanity)의 눈으로 세상을 보는 방법 사이의 진정한 불화를 반영하는 것일까?

우리는 알 수 없다. 그러나 한 가지는 분명하다. 그것은 과학과 인문학이, 그리고 이른바 물리학과 같은 자연과학(hard science)과 사회학과 같은 인문과학(human science)이 결별했다는 사실이다. 어쩌면 헨리 애덤스가 반복적으로 나의 꿈에 등장하는 것은 이러한 분열의 근원을 알고자 하는 나의 끈질긴 관심 때문일지도 모른다.

나는 오래전부터 과학적인 설명과 일상적인 경험―그것이 개개인에 의한 것이든 역사적인 상황이든지 간에―사이의 괴리에 대해 깊이 생각해왔다. 과학과 인문학의 분열은 피할 수 없는 것일까? 과연 인문과학은 자연과학과 화해할 수 없을까?

이 문제에 대해서는 다양한 관점들이 폭넓게 배치하고 있고, 그래서 혹자는 그것이 고민할 가치도 없는 문제라고 말할 수도 있다. 하지만 이 책에서 입증하겠지만, 나는 오히려 그 반대라고 믿는다.―즉 과학적 탐구에 의해서든 이성에 의해서든 또는 우발적 발견에 의해서든, 지식에 도달하는 방법을 이해하는 것은 매우 중요하다고 믿는다. 그릇된 생각, 극심한 환원주의, 무관심은 장기적으로 인간복지에 있어 불행한 결과를 초래한다.

이 책은 내 생각의 흐름을 정리한 결과물로서, 이러한 사고의 흐름은 내가 "뇌기반인식론"(brain-based epistemology)이라고 명명한 관점으로 나를 이끌었다. 뇌기반인식론이란 지식에 대한 이론의 기초를 뇌가 작동하는 방식에 두려고 하는 노력들을 뜻한다. 이는 철학자 윌러드 반 오르만 콰인(Willard Van Orman Quine)[2]*이 제안한, 자연주의 인식론(naturalized epistemology)이라는 개념의 확장이다.

콰인의 논의가 피부를 비롯한 감각기관에 그치고 말았다면, 이 사안을 뇌, 몸, 그리고 환경 사이에서 일어나는 보다 광범위한 상호작용을 고려해 다룬다는 점에서 나의 논의는 콰인의 것과 다르다. 나는 무엇보다도 의식의 기반을 이해하는 것이 중요하다고 생각한다. 콰인은 평소의 풍자적이면서 솔직한 어투로 다음과 같이 말했다.

> 나는 지금까지 의식을 부정한다는 비난을 받아왔지만 나는 내가 그래왔다는 것을 의식하지 못한다. 내게 의식이란 미스터리이지, 폐기되어야 할 존재는 아니다. 우리는 의식적인 상태가 어떠한 것인지를 알고 있지만, 그것을 과학적 용어로 만족스럽게 기술하는 방법은 알지 못한다. 정확하게 그것이 무엇이든, 의식이란 몸의 상태, 신경세포의 상태이다.
>
> 오늘날의 상식으로써 내가 주장하는 바는 의식의 부정이 아니다. 좀더 조리 있게 말한다면, 마음의 부인(否認, repudiation)이다. 즉 신체를 초월한 이차적 실체(second substance)로서의 마음을 부인하는 것이다. 다소 부드럽게는 마음을 신체의 능력이나 상태, 활동과 동일시하는 것이라고 표현할 수 있다. 정신적 상태나 사건이란 인간 또는 동물의 신체적 상태나 사건의 특별한 하위 범주이다.[3]

나는 이제 우리가 의식의 신비로움을 밝힐 수 있는 위치에 도달했다고

---

* 20세기 철학에 큰 영향을 미친 미국 철학자이자 논리학자이다. 분석철학계에서 큰 역할을 했으며 논리학을 연구하여 그 성과를 철학에 응용했다.

생각한다. 이 책에서 나는 이러한 위치를 드러내고 우리가 어떻게 아는지, 어떻게 발견하고 어떻게 창조하는지, 그리고 진리를 향한 우리의 탐구에 직접적으로 영향을 주는 나의 생각들을 소개할 것이다. 나는 의식이란 앎이라는 기능을 수행하는 하나의 과정이라고 했던 윌리엄 제임스(William James)⁴의 관점을 따른다.

이 세상에는 자연과 인간적 자연이 있다. 그들은 어떻게 교차되는가? 내가 정한 이 책의 제목은 이러한 질문을 반영하며 다소간 언어의 유희이기도 하다. 일반적으로 "제2의 자연"(second nature)이라고 하면 습관처럼 노력이나 특별한 학습 없이도 무의식적으로 쉽게 이루어지는 행동을 지칭한다. 나는 그런 의미뿐 아니라 우리의 사고가 자연에 대한 사실적인 기술을 넘어 자유롭게 부유하기도 한다는 사실에 주의를 환기시키고자 이 용어를 사용했다. 그들이 "제2의 자연"이다. 이 책에서 나는 자연과 제2의 자연이 어떻게 상호작용하는지를 탐색하려 한다.

# 제1장

## 갈 릴 레 이 의

## 호 ( 弧 ) 와

## 다 원 의   프 로 그 램

현대사회와 이전 세기를 구별하는 거의 모든 것은
과학에 연유되며, 과학은 17세기에 가장 장엄한 위업을 이루었다.
─버트런드 러셀(Bertrand Russell)


『종의 기원』(*The Origin of Species*)은 새로운 사고방식을 도입했다.
그것은 결국 지식의 논리를 바꾸었고
그 결과 도덕과 정치, 그리고 종교를 대하는 방식까지 변화시켰다.
─존 듀이(John Dewey)


특정한 의식이 뇌의 특정 상태와 부합하면
뭔가 분명한 현상이 발생한다.
─윌리엄 제임스(William James)

헨리 애덤스는 미래에 어떤 사건들이 도래할지에 대해 절반도 모르고 있었다. 하지만 그는 과학기술이 우리 인간존재를 변화시킬 것임을 직감하고 있었다. 우리는 대변혁의 한가운데 서 있다. 커뮤니케이션, 컴퓨터, 인터넷의 발달, 육로와 항공을 통한 여행의 급증, 원자력, 인간유전자구성의 생물학적 조작 등이 바로 그것이다. 이처럼 사람들의 사고방식, 삶의 속도, 자연에서 차지하는 인간의 지위, 심지어 자연에 대한 파괴력 등을 변화시킨 과학기술의 발전과 세계화에 대해 나열하려면 끝이 없다.

자연과 제2의 자연에 대한 인간의 이해에는 어떤 일이 벌어졌는가? 이 질문에 답하기 위해 우리는 서구과학, 특히 물리학과 생물학을 기나긴 관점에서 살펴볼 필요가 있다. 그래서 나는 우리 삶을 두드러지게 변화, 발전시킨 역사적인 인물 두 사람을 선정했다. 그들은 바로 갈릴레오 갈릴레이(Galileo Galilei)와 찰스 다윈(Charles Darwin)이다.

갈릴레오는 현대과학에서 가장 광대한 현대물리학의 17세기 탄생을 대표하는 인물이라 할 수 있다. 철학자 알프레드 노스 화이트헤드(Alfred

North Whitehead)는 그의 저서 『과학과 근대세계』(*Science and the Modern World*)에서 갈릴레오의 업적을 "인류가 지금껏 직면한 사고방식에 있어서 가장 본질적인 변화의 조용한 시작"이라고 평했다.[1] 확실히 우리는 갈릴레오의 지동설 및 관성실험에서부터 현재의 우주론과 물질론에 이르는 현대물리학의 호(弧)에 깊은 감명을 받았다. 우리는 우주 그 자체라는 초거시세계에 대한 전망을 여는 일반상대성(general relativity)이라는 고도의 정확함뿐만 아니라 양자역학(quantum mechanics)으로 기술되는 미시세계라는 기묘한 영역에도 직면해야 한다. 그리하여 이제 갈릴레오의 호(Galilean arc)*는 원자력에서부터, 고체물리학(solid-state physics), 우주탐사, 빅뱅(Big Bang)으로 시작된 우주의 기원 등에 이르기까지 광범위하게 걸쳐 있다.

심지어 이러한 진보가 있기 이전인 19세기 후반에 이미 찰스 다윈은 생명체의 진화라고 하는 생명의 기초에 대한 통찰을 제시하였다.[2] 자연선택(natural selection)이라는 다윈의 아이디어는 발전과 동시에 생명을 이해하는 이론적 기초를 제공하였는데, 특히 20세기 멘델유전학(Mendelian genetics)과 결합되면서 더욱 그러했다.[3] 이후 20세기 후반에 발전한 분자생물학(molecular biology)은 생물학적 번식의 근간을 바꾸는 것을 가능하게 만들었다.

자연의 여러 영역을 돌아보면, 다윈을 포함해서 '갈릴레이의 호'는 은하, 별, 행성, 물질의 구조, 그리고 유전자와 생물학적 진화의 특성 등 자연과 관련된 거의 모든 주요 주제에 대해 분명한 이해를 제공한 것 같다. 그리고 오늘날 헨리 애덤스의 접시는 우리 존재를 총망라하는 자연과학

---

* 여기에서 '갈릴레이의 호'란 갈릴레오가 발견한 진자운동에서 진자가 움직이는 궤적을 의미한다. 따라서 갈릴레이의 호는 진자운동의 등시성, 즉 정확성을 추구하고 인과적이고 직선적 패러다임에 기초하는 자연과학에 대한 은유이다.

적 문제들로 넘치고 있으리라.* 그러나 '갈릴레이의 호'는 빈틈이 있거나 불완전하다. 우리는 아직 뇌에서 일어나고 있는 의식의 과학적 토대를 확립하지 못했으며, 최근까지도 의식의 문제는 철학자의 몫으로 남아 있다.

여기에는 몇 가지 이유가 있다. 우선 최근까지도 뇌를 훼손하지 않고 그 속에서 일어나는 현상을 연구할 방법이 없었다. 게다가 의식은 1인칭 현상인데 반해, 과학의 객관적 방법론은 3인칭이다. 과학적 실험에서는 의견이나 주관성이 인정될 수 없다. 의식에 대한 과학적 접근에 영향을 끼친 또하나의 중요한 요인은 바로 르네 데카르트(René Descartes)의 영향력 있는 사고였다.[4] 갈릴레오 이후 데카르트는 마음을 자연계로부터 본질적으로 제거했다. 그는 이 일을 사고를 통해서만 이뤄내면서 이 세상에는 두 종류의 실체(substance)가 존재한다고 결론 내렸다. 여기서 두 종류의 실체란 물리법칙을 따르는 물질적 세계, 즉 *res extensa*와 물리적 공간을 차지하지 않으며, 그렇게 때문에 물리법칙을 따르지 않는 세계, 즉 *res cogitans*이다.** 데카르트의 이원론(二元論, dualism)과 그로부터 파생된 여러 사고방식들은 의식을 견고한 과학적 탐구대상으로 삼는 접근방식에 심오한 영향을 끼쳤다.

이러한 상황은 매우 흥미롭다. 원칙적으로 어떠한 대상도 과학적 탐구에서 선험적으로(a priori) 제외되는 것은 없다. 그럼에도 의식의 문제는 과학적 탐구대상에서 제외되어 왔다! 과학이란 입증 가능한 진리에 이바지하는 상상력이다. 그런데, 사실 상상력은 의식에 의존한다. 이렇듯 과학 자체가 의존적이다. 위대한 물리학자 에어빈 슈뢰딩거(Erwin Schrödinger)가

---

* 영국 구어로 '접시 위에 무엇이 많다'는 곧 '할일이 많다'는 뜻이다.
** 데카르트에 의하면 *res extensa*는 물리학적 세계를 의미하고 *res cogitans*는 사유하는 존재, 즉 자신의 존재성을 지각하는 존재를 의미한다.

인지했듯이, 그 어떤 물리학 이론도 감각(sensation)이나 지각(perception)을 포함하지 않으며, 과학이 발전하기 위해서는 이러한 현상(phenomena)들을 과학의 통제 바깥에 있는 것으로 가정해야 한다.[5]

우리는 이러한 상황을 받아들여야만 하는가? 아니면 과학은 '갈릴레이의 호'를 완성시킬 수 있을 것인가?* 만약 과학이 완성시킬 수 없다면, 의식의 영역은 철학자와 인문학자에게 맡겨두어야 하는가? 그래서 헨리 애덤스를 그토록 불편하게 만들었던 두 영역 간의 분열을 묵과할 수밖에 없는 것인가?

그러나 다행히 우리는 지난 20여 년간 뇌에 대해 발견된 사실들과 뇌이론의 진보 덕분에 이러한 곤경에 머물러 있지 않아도 될 것 같다. 우리는 주관성의 문제에 직면하더라도 의식을 연구할 수 있다. 이 책에서 나는 어떻게 그것이 가능한지를 보여주고자 한다. 그러나 먼저 의식을 과학적으로 이해하는 것이 왜 중요한지에 대해 생각해보자.

의식을 과학적으로 설명하면 그 결과로 많은 것을 성취할 수 있다는 점을 믿지 않는 일각의 사람들이 있다. 내가 그들을 특별히 염두에 두고 이 책을 쓴 것은 아니다. 그러나 그들 중 일부라도 최소한 반대편의 관점을 이해하게 되기를 바란다. 나는 하나의 큰 가정으로 시작했는데, 그것은 의식을 뇌의 작용에 기초해서 만족스럽게 설명할 수 있는 과학적 이론을 우리가 가지고 있다는 가정이다. 의식을 과학적으로 설명하는 이론이 왜 중요한 것일까?

첫째, 그것은 정신적 사건과 물리적 사건 간의 관계를 명료하게 해줄 것이며 미해결된 일부 철학적 난제들을 해결해줄 것이다. 우리는 더이상 이

---

* 은유적인 이 문장을 통해 저자는 새로운 의미의 과학이 등장하여 정확성을 추구하고 인과적이며 직선적 패러다임에 기초하는 전통적인 자연과학적 방법으로 탐구할 수 없었던 영역까지 탐구할 수 있게 될 것인지를 질문하고 있다.

원론, 범심론(汎心論), 신비론, 불가사의한 힘 등을 연구가치가 있는 주제로 생각하지 않을 것이다.[6] 최소한 시간낭비는 하지 않을 것이다. 그리고 이러한 주제들을 해명함으로써 자연의 질서 속에서 인간이 차지하고 있는 위치에 대해 보다 나은 견해를 갖게 될 것이다. 우리는 인간의 마음이 자연선택의 결과물이며 그러한 방법으로 자연선택이라는 프로그램도 완성되어간다는 다윈의 견해를 확인할 수 있을 것이다.[7]

또한 우리는 삶에 유용할 수도 있고, 그렇지 않을 수도 있는 인간의 착각(illusion)의 근원에 대해 좀더 나은 그림을 그릴 수 있을 것이다. 내가 물리치고자 하는 한 가지 착각은 인간의 뇌가 일종의 컴퓨터이고 의식은 연산과정을 거쳐 나타난다는 관념이다. 거기에 더해 의식을 성공적으로 설명하는 이론은 사실의 세계에서 가치가 차지하는 위치를 명료하게 해줄 것이다. 이 두 문제를 잘 연결시킨다면 뇌기반이론(brain-based theory)은 정신병(psychiatric) 및 신경심리학적(neuropsychological) 증후와 질병을 이해하는 데에 매우 유용할 것이다.

이러한 문제에서 좀 벗어나 있기는 하지만, 뇌기반이론은 창조성에 대한 우리의 생각에도 기여할 것이다. 심지어 뇌기반이론은 자연과학에서 도출된 객관적 서술과 미학이나 윤리학에서 나타나는 규범적인 문제 사이의 연결성에 대해 명료한 관점을 제공할 것이다. 이처럼 뇌기반이론은 과학과 인문학 사이의 결별을 되돌리는 데 도움을 줄 것이다.

무엇보다도 이러한 목적을 달성하게 되면 생물학에 기반을 둔 인식론의 체계화에 기여하고 영향을 끼치게 될 것이다. 생물학에 기반을 둔 인식론이란, 인간의 지식을 분석함에 있어 뇌에 기반을 둔 주관성이라는 측면을 포함시킴으로써 진리를 의견과 신념에, 사고를 감정에 결부시켜 지식을 설명해내는 것이다.

만족스러운 뇌이론의 가장 주목할 만한 성과는 의식을 가진 인공물을 만드는 일일 것이다.[8] 비록 현재까지는 이러한 목표가 공상세계에서나 가능한 일이지만, 미국 캘리포니아 주 라호야(La Jolla)에 있는 뇌과학연구소(The Neurosciences Institute)의 과학자들은 이미 지각력과 기억력을 지닌 뇌기반장치를 만들었다. 물론 우리가 의식을 가진 장치를 만들었다는 것을 믿기 위한 최소한의 필요조건은, 그 장치의 신경적·신체적 행동을 우리가 측정하는 동안, 일종의 언어를 통해 그 장치가 스스로의 내적인 현상상태(internal phenomenal states)를 보고할 수 있어야 한다는 것이다. 현재까지 이런 조건은 충족되지 못하고 있다. 그러나 만약 그렇게 된다면, 우리는 뇌, 신체 그리고 그러한 장치 속에서 뇌와 신체가 상호작용하는 환경을 탐색하는 유례없이 귀한 기회를 갖게 될 것이다. 그것은 우리가 상상할 수 없는 방식으로 세상을 '보거나' '느끼는' 것은 아닐까? 오로지 우주에서 오는 외계인의 메시지를 받는 일만이 이러한 흥분된 모험을 뛰어넘을 수 있을 것이다. 우리는 기다려야만 한다.

이제 나는 내가 제시한 가정, 즉 우리가 의식에 대해 만족할 만한 이론을 가지고 있다는 가정을 지지할 증거를 제시하고자 한다. 나는 의식과 의식이 창발되어 나오는 뇌의 역동성에 대해 간략히 설명함으로써 그러한 증거를 제시할 것이다. 그런 후라야 다시 되돌아가서 이에 따르는 결과들을 보다 상세하게 분석할 수 있을 것이다.

# 제2장             의 식 ,

## 몸 ,

## 그 리 고    뇌

화려한 빛깔의 나비를 쫓는 곤충학자처럼,
나는 회백질의 정원에서
정교하고 우아한 모양의 세포,
영혼의 신비로운 나비를 찾아다녔다.
─산티아고 라몬이카할(Santiago Ramón Y Cajal)

나는 뇌의 구조와 역동성(dynamics)이 지각, 기억, 그리고 의식에 관련되어 있음을 상세히 기술한 바 있다. 여기서 그러한 상세한 기술을 반복할 생각은 없다. 대신에 나는 의식의 특징 중에서 중요한 몇 가지를 기술할 것이다. 그리고 나서 '신경다윈주의'(Neural Darwinism)[1]라는 이론의 관점에서 뇌의 작용에 대해 간단히 설명할 것이다. 그렇게 함으로써 의식이 뇌의 역동성으로부터 어떻게 창발하는지 보여줄 수 있을 것이다. 나는 세세한 증명 없이 서슴지 않고 커다란 주장들을 펼칠 것이다. 왜냐하면 그러한 증명은 다른 문헌에서 찾아볼 수 있기 때문이다.[2]

우리 모두는 의식이 무엇인지 은연중에 알고 있다. 그것은 우리가 꿈도 꾸지 않을 정도로 깊은 잠에 빠지거나, 흔치는 않지만 깊은 마취나 혼수상태에 빠질 때 잃어버리는 그 무엇이다. 그리고 그것은 이런 상태로부터 벗어날 때 되찾는 그 무엇이다. 각성된 의식상태에서 우리는 이미지, 기억, 어조나 감정에 대한 느낌, 자율감과 작위감, 어떤 상태에 놓여 있다는 느낌뿐만 아니라 시각, 청각, 후각 등의 감각반응으로 다양하게 구성된 하나의 단위장면(a unitary scene)을 경험한다. 어떤 경우에도 다른 것들을 완전히 배제하고 단 한 가지만을 의식할 수는 없다는 의미에서 의식은 여러 가지 감각이 통합된 단위경험(a unitary experience)이다. 그러나 우리는 덜 포괄적이지만 여전히 통합된 단위장면의 몇몇 측면에 주의를 기울일 수 있다. 어느 틈에 그 장면은 정도의 차이는 있지만 조금씩 변화하여, 여전히 통합되어 있는 와중에 분화를 시작해 새로운 장면을 만들어낸다. 놀라운 사실은 그렇게 사적으로 경험되는 장면의 수가 무한한 것 같다는 점이다. 장면의 전환은 연속적이며 장면의 구체적인 부분에서 사적이고 1인칭의 주관적 경험인 듯하다.

항상 그런 것은 아니지만, 의식상태(conscious state)\*는 대체로 사건이나 사물에 대한 것이며, '지향성'(intentionality)\*\*이라는 특성을 가진다. 그러나 의식상태가 항상 이러한 특성을 보이는 것은 아니다.\*\*\* 예컨대 의식상태가 기분(mood)에 대한 것일 수 있다. 윌리엄 제임스가 어떤 희미하게 지각된 상태를 지칭했던 "주변적" 의식상태도 종종 있다. 의식상태

----

\* 저자 에델만은 여기서 의식(consciousness) 대신에 의식상태(conscious state)라는 용어를 사용했다. 그는 이를 통해 의식이 어떤 별개의 독립적인 존재이기보다 특정 '상태'임을 의도적으로 강조하려고 하는 것 같다.

\*\* '지향성'(intentionality)이란 단순하게 이해하면 "~에 관함"(aboutness)이라는 특성이다. 원래 스콜라철학에서 유래한 개념이지만, 19세기에 들어와 브란타노(Brantano)와 같은 철학자들에 의해 다시 소개되었다. 브란타노는 '지향성'을 "내용에 대한 참조", "사물로 향한 방향성", 또는 "내면적 객관성"이라는 의미로 사용하면서 "물리적 현상"과 구별되는 "정신적 현상"이 가진 고유한 특성이라고 했다. 모든 정신적 현상(즉 모든 심리적 활동)은 내용을 가지고 있으며 어떤 사물로 향한다. 모든 신념과 욕구 등도 그것이 '대상으로 삼는 사물'이 있다. 물리적 현상에는 '지향성'이 없기 때문에 '지향성'은 정신적 현상과 물리적 현상을 구별하는 핵심적 특성이다.

\*\*\* 앞에서 언급했듯이 브란타노를 비롯한 여러 철학자들은 지향성이 정신적 현상을 물리적 현상과 구별하는 주요 특성이라고 했다. 하지만 에델만은 의식이 항상 그런 특성을 가지는 것은 아니라는 입장이다.

에는 또한 작위나 행동의 의지에 대한 자각도 포함될 수 있다.

특히 신비로운 것으로 묘사되는 특성 중 하나는 의식의 현상학적 측면, 즉 퀼리아(qualia)*의 경험이다. 퀼리아란 예를 들자면 초록색의 초록 성질(greenness of green), 따뜻함의 따뜻한 성질(warmness of warmth)을 말한다. 그러나 나를 포함해서 이 주제를 연구하는 학자들은 이러한 단순한 특성을 넘어서서 의식적인 장면들, 즉 경험들의 총체를 퀼리아라고 간주한다.

많은 학자들은 퀼리아를 설명하는 것이 의식에 관한 이론의 진위를 가리는 시금석(acid test)이라고 생각한다. 어떻게 하면 우리가 퀼리아뿐 아니라 의식의 다른 모든 특징들을 설명할 수 있을까? 내가 제안하는 답은 뇌가 어떻게 작동하는지 면밀히 탐색하고 의식을 설명하는 것으로 확장될 수 있는 총체적인 뇌이론을 체계화하는 것이다. 그러나 그에 앞서 구별해두면 이로운 개념이 하나 있다. 인간인 우리는 의식이 있다(conscious)는 것이 어떤 것인지 안다. 게다가 우리는 의식이 있다는 것을 의식하고, 우리의 경험을 보고할 수도 있다. 또한 우리가 비록 다른 종(種)들의 의식을 경험할 수는 없지만, 개와 같은 동물들이 의식이 있음을 짐작할 수는 있다. 이는 그들의 행동이나 그들의 뇌와 우리 인간의 뇌 사이에서 발견되는 유사성을 기초로 해서 가능하다. 그러나 우리는 그들 스스로가 의식이 있음을 의식하고 있다고 보지는 않는다.

바로 이것이 유용한 구별을 하기 위한 기초이다. 개나 다른 포유류들은

--------

* 퀼리아(qualia)라는 단어는 루이스(C. I. Lewis)가 저술한 *Mind and the World Order*(1929)에서 처음 사용되었다. 이 책에서 그는 다른 상황에서도 반복되는 특징을 성격이라고 한다면, 퀼리아는 그 성격에 주관을 추가시킨 것이라고 설명하고 있다. 의지 없는 행동은 퀼리아로 간주하지 않으며, 행동은 하지만 의지와 주관이 없는 좀비가 퀼리아가 없는 예이다. 이 개념은 루이스에게조차 매우 모호한 개념이었고, 시간이 지나면서 그 의미가 조금씩 변형되었다.

의식하고 있다 하더라도 일차적인 의식을 가지고 있다. 일차적인 의식이란 기껏해야 수초 정도에 해당하는 시간에 단위장면을 경험하는 것으로 내가 기억된 현재(remembered present)라고 부르는 것인데, 마치 어두운 방안을 손전등의 섬광으로 (잠깐) 비춘 것과 같다. 일차의식을 가진 동물은 비록 진행 중인 사건을 자각할 수는 있지만, 의식하고 있는 상태를 의식하지는 않으며 과거, 미래, 또는 지명가능한 자기(self)라고 이름 붙일 만한 관념을 가지고 있지 않다.

그러한 것을 자각하려면 고차의식(higher-order consciousness)을 경험하는 능력이 필요한데, 고차의식은 의미론적(semantic) 혹은 상징적(symbolic) 능력을 가지고 있을 때 가능하다. 침팬지에게서는 이러한 능력의 희미한 조짐이 보인다. 인간의 경우에는 구문론(syntax)이나 진정한 언어가 있기 때문에 이 능력이 최고조로 존재한다. 말할 수 있는 능력 덕분에 우리는 기억된 현재가 가진 한계를 일시적으로 극복할 수 있다. 그럼에도 고차의식이 존재할 때는 언제나 일차의식도 가지고 있다.

이런 배경 이야기는 뒤로 하고, 이 모든 놀라운 특징들을 책임지는 기관인 뇌로 돌아가보자. 인간 뇌의 무게는 약 3파운드(약 1,450g)이다. 인간의 뇌는 우리가 알고 있는 우주 안에서 가장 복잡한 물체 중 하나이다. 뇌의 연결성은 경이로움을 불러일으킨다. 뇌 바깥부분의 주름진 피질([그림 1], 위)은 약 300억 개의 신경세포, 즉 뉴런으로 구성되어 있을 뿐 아니라, 약 1000조($10^{15}$) 개의 신경연접이 존재한다. 이러한 구조에서 활성 가능한 경로의 수는 우리가 알고 있는 우주의 원소입자보다 훨씬 많다.

나는 여기에서 뇌가 어떻게 의식을 일으키는지에 대해서 상세하게 다루지 않으려고 한다. 그러한 내용은 이미 여러 책에서 상세히 다루었으니, 찾아보면 될 것이다. 대신 나는 뇌의 구조와 활동을 설명하는 청사진을 제시하려고 한다. 의식이 어떻게 발생하는지에 대한 아이디어를 주기에 충분한, 사실에 근거한 서술뿐 아니라 유추와 은유를 혼합해서 사용할 계획이다.

우선, 뇌에서 신호를 전달하는 단위세포를 살펴보자. 이것은 뉴런(신경세포)이라고 하며, 나무처럼 생긴 가지들의 집합(dendrite, 수상돌기)과 신경세포와 신경세포를 연결하는 역할을 하는 확장된 줄기(axon, 축색돌기)로 이루어져 있다. 신경세포와 신경세포의 연결부위를 시냅스(synapse)라고 하는데([그림 1], 아래), 시냅스는 뇌회로(brain circuit)의 기능을 책임지는 매우 중요한 요소이다. 왜냐하면, 축색돌기를 따라 내려온 전류는 시냅스에서 신경전달물질(neurotransmitter)이라고 불리는 화학물질 꾸러미를 방출하기 때문이다. 이 화학물질은 시냅스 내 작은 간극을 가로질러 신호를 받는 세포의 수상돌기에 있는 수용체(receptor)에 결합한다. 이러한 방출이 충분히 자주 일어나게 되면, 신호를 받는 시냅스후(後)세포 (postsynaptic cell)가 점화되며 다음 세포에서도 이러한 과정과 신호를 반복하게 된다. 무수히 많은 시냅스에서 일어난 이러한 과정이 모두 합해진다고 생각해보라. 그러면, 현대과학으로 어떻게 미세한 전류와 전위를 두피 밖에서도 측정할 수 있는지 이해할 수 있을 것이다. 실제로 신경생리학자(neurophysiologist)들은 개개 뉴런에 미세한 전극을 삽입함으로써 단일세포로부터 보다 정밀한 신호를 측정할 수 있다.

시냅스의 핵심적인 특성은 그들이 가소성(可塑性)을 갖는다는 것이다. 다양한 활동과 생화학적 사건들이 시냅스의 강도를 변화시킬 수 있다. 이러한 강도의 변화는 이제 신호를 전달하기 위해 어떤 신경경로가 선택될지를 결정한다. 시냅스강도에서의 변화양상은 기억의 기초를 제공한다. 이 시점에서 시냅스의 두 가지 성질인 흥분성(excitatory)과 억제성 (inhibitory)에 대해 언급하는 것이 유용할 것이라 생각된다. 흥분성과 억제성 모두 가소성을 보이며, 둘은 함께 뇌의 기능적 신호경로를 선택하도

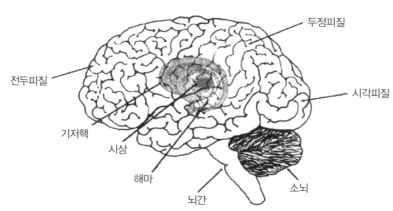

대뇌피질

두정피질

전두피질

시각피질

기저핵

시상

해마

소뇌

뇌간

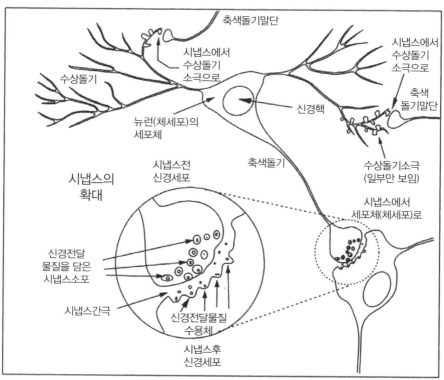

축색돌기말단

시냅스에서
수상돌기
소극으로

시냅스에서
수상돌기
소극으로

수상돌기

축색
돌기말단

뉴런(체세포)의
세포체

신경핵

시냅스의
확대

시냅스전
신경세포

축색돌기

수상돌기소극
(일부만 보임)

시냅스에서
세포체(체세포)로

신경전달
물질을 담은
시냅스소포

시냅스간극

신경전달물질
수용체

시냅스후
신경세포

**[그림 1]**

**위 :** 인간의 뇌를 구성하는 주요 부분의 상대적 위치.
대뇌피질은 300억 개의 신경세포를 갖고 있는데, 시상으로부터 뻗어나온 신경세포를 받아 다시 시상으로 신경
세포를 뻗는다(쌍방적 회로). 이것이 시상피질계를 구성한다. 대뇌피질 아래에는 기저핵, 소뇌(둘 다 움직임을
조절하는 기능을 함), 해마(기억에 필요)라는 3가지 주요 하위구조가 있다. 이들 아래에는 진화상으로 가장 오래
된 부분인 뇌간이 있는데, 뇌간은 산만하게 축색돌기가 뻗어나가는 여러 개의 가치평가시스템을 가지고 있다.

**아래 :** 두 신경세포 간의 시냅스연결. 시냅스전(前)신경세포의 축색돌기로 내려간 활동전위는 시냅스간극 안으
로 신경전달물질을 분비한다. 신경전달물질분자는 시냅스후(後)세포막의 수용체와 결합하여, 시냅스후세포가
자신의 활동전위를 발화시킬 가능성을 높인다. 특정한 활동의 순서에 따라 시냅스가 강화되거나 약화되기도 하
여 시냅스의 효율이 변하게 된다(신경세포의 형태와 종류는 매우 다양하다. 이 그림은 신경세포를 매우 단순화
시킨 것이다).

록 돕는다.

이렇게 생략해서 설명하고 있는 과정에서도 중요하게 짚고 넘어가야 할 것은, 특정 동물종의 뇌 속에 있는 전체 해부학적 접합부들과 경로들은 진화와 발생과정 동안에 선택된다는 점이다. 그 결과로 서로 다른 뇌영역들과 신경핵이라 불리는 세포의 모임이라는 놀라운 집합이 생긴다. 이들 각각에는 단거리 및 장거리의 입출력경로가 존재한다.

한 가지 예로 원숭이의 시각경로를 살펴보자. 빛이 망막을 때려 시신경을 자극하면, 그때 발생한 신호는 최종적으로 시상(視床, thalamus)이라 부르는 구조에 도달한다. 이 논의의 핵심이 되는 시상은 크기는 작지만 의식에 관한 어떤 설명에서도 매우 중요하다. 시각정보를 매개하는 시상뉴런들은 자신의 축색돌기를 $V_1$이라고 불리는 대뇌피질(cerebral cortex)의 한 영역으로 뻗친다. 거기서부터, 피질 내의 모든 경로들은 $V_2$, $V_3$, $V_4$라 불리는 영역들로 정밀하게 세분화되어 다듬어진다. 실제로 최소 33개의 다른 피질영역들이 이런저런 방식으로 시각정보의 처리과정에 관여하고 있다.

시각 및 다른 여러 감각체계에 관한 두 가지 중요한 사실이 드러났다. 첫번째는, 일반적으로 각각의 뇌영역이 기능적으로 분리되어 있다는 사실이다. 예를 들어 시각에서 $V_1$은 물체의 방향을, $V_4$는 색깔을, $V_5$는 물체의 움직임을 담당한다. 두번째는, 특정 형태와 색깔을 지닌 움직이는 물체로부터 복합적인 시각신호가 주어졌을 때, 이로 인한 모든 반응들을 통제하고 조정하는 단 하나의 영역은 없다는 사실이다. 앞으로 살펴보겠지만, 그럼에도 불구하고 뇌는 그러한 자극이 망막에 전해질 때 발생하는 분리된 지각상의 사건들을 조화시키는 수단을 가지고 있다. 이러한 조화의 최종적인 결과가 지각적 범주화(perceptual categorization)로서 그야말로 다양한 입력들을 주어진 동물종의 인식에 중요한 대상들로 가르는 과정이다. 뇌는 패턴을 인식한다. 계속해서 시각 이외의 다른 감각체계들에 대해서도 언급할 수 있지만, 수용기와 입력된 내용이 다르다 하더라도 그 원리는 비슷하다.

출력에 대해서는 어떤가? 서로 다른 감각영역들은 피질의 "상위" 영역과 연결되어 있기 때문에 뇌는 대개 자기 자신에게 이야기를 건넨다. 물론 한 쌍의 피질영역은 척수로 운동출력신호(motor output signal)를 보내 근육으로 하여금 여러 가지 행동과 운동을 끌어내도록 한다. 거기에 더해 대뇌피질은 시상 외의 많은 피질하부구조(subcortical structure)로부터 부가적인 입력신호를 받기도 하고 피질하부구조로 출력신호를 보내기도 한다. 이런 피질하부구조([그림 1])는 움직임의 조절을 돕는 기저핵(basal ganglia)과 소뇌(cerebellum), 피질과 상호작용함으로써 사건과 에피소드들에 대한 장기기억(long-term memory)을 확립하는 것을 돕는 해마(hippocampus)를 포함한다.

지금까지 내가 기술한 것은, 표면상으로는 컴퓨터 같은 전자장치와 유사한 체계를 묘사한 것으로 생각될 수 있다. 실제로 많은 과학집단에서 여전히 뇌가 컴퓨터라는 믿음을 간직하고 있다. 그러나 이러한 믿음은 여러 가지 이유에서 오류이다.[3] 첫째, 컴퓨터는 시계에 의해 조절되는 짧은 시간 간격으로 논리와 계산을 통해 작동한다. 그러나 앞으로 살펴보겠지만, 뇌는 논리적인 규칙을 따라 작동하지 않는다. 컴퓨터가 작동하기 위해서는 혼동될 여지가 없이 분명한 입력신호를 받아야 한다. 그러나 뇌의 다양한 감각수용기(sensory receptor)에 전해지는 신호는 그렇게 조직화된 것이 아니다. 다시 말해, 세계(이것은 사전에 규정된 범주로 분할되어 있지 않다)는 부호화된 테이프가 아니다. 둘째, 내가 간략히 기술한 뇌의 정렬은 미세한 수준에서 상상을 초월할 정도로 다양하다. 신경전류가 발생함에 따라 갖가지 개별 경험은 뇌에 흔적을 남기는데 일란성쌍둥이라고 하더라도 두 개의 뇌는 동일할 수 없다. 이는 상당한 정도로 타당한데 왜냐하면, 신경구조가 발달하고 확립되는 동안, 함께 발화하는 신경세포는 서로 연결되기 때문이다. 뿐만 아니라, 뇌의 입력과 출력, 그리고 행동을 통제하는 것과 같은 효과적인 절차로 이루어진 컴퓨터프로그램은 없다. 인공지능(artificial intelligence)의 원리가 실제 뇌에서는 작동하지 않는 것이다. 아무리 뇌가 규칙적인 것처럼 보이더라도, 우리 뇌의 출력을 조절하는 논리나 정확한 시계는 존재하지 않는다.

끝으로 우리는 우리와 같은 고등한 뇌에서 발견되는 시냅스의 복잡성을 지정하는 데 충분한 유전자를 지니고 태어나지 않았다는 점을 강조해야 한다. 물론, 우리가 침팬지가 아닌 인간의 뇌를 가지고 있다는 사실은 우리의 유전자네트워크에 의존한다. 그러나 이러한 유전자네트워크는 뇌 자체에서와 마찬가지로 그 다양한 발현 양상이 환경적인 맥락과 개별적인 경험에 의존하기 때문에 대단히 가변적이다.

만약 포유류의 뇌가 컴퓨터가 아니라면, 그렇다면 무엇인가? 그것은 어떻게 작동하는가? 의식의 뇌 기반을 설명하기 전에 우리는 우선 이 질문에 답해야 할 것이다.

# 제3장　　　　　　선 택 주 의 :

## 의 식 의　　선 행 조 건

이론들은 네 단계를 거쳐 사람들에게 받아들여진다.
1. 이것은 말도 안 되는 이야기다.
2. 이것은 흥미롭긴 하지만 잘못된 관점이다.
3. 사실이다. 하지만 중요하지 않다.
4. 나는 항상 그렇게 말했었다.
— J. B. S. 홀데인(J. B. S. Haldane)

지금까지 인식과 뇌에 대해 나열했던 설명들을 만족스러운 방법으로 엮어야 할 때가 온 것 같다. 그러기 위해서는, 연산과정이 없으면서도 통일성을 보이는 뇌의 작동을 설명할 수 있는 이론이 필요한데, 그 이론을 기술하기 전에 다소 생소해 보일 수도 있지만, 꼭 알아야 하는 여러 개념을 먼저 설명할 것이다. 개념들의 의미를 쉽게 전달하기 위해 나는 여러 가지 생물학적 예시와 비생물학적인 유추를 사용하려고 한다. 그런 후에 그 개념들을 우리의 주요 과제, 즉 의식이 어떻게 진화했으며, 각각의 뇌 안에서 어떻게 발생하는지 이해하는 과제와 엮어보려고 한다.

　이론적인 주제로 넘어가기 전에 잊어서는 안 되는 몇 가지 사실이 있다. 뇌는 몸과 일체이며, 그 몸은 환경의 일부로 깊이 묻혀 있다는 사실이다. 우선 뇌와 몸이 일체라는 말에 대해 생각해보자. 앞 장에서 설명한 모든 의식활동은 몸에서 뇌로 전해지고 뇌에서 몸으로 전달되는 신호에 의존한다. 뇌 속에 형성된 회로나 연결상태는 당신이 무엇을 감지하느냐에 의해서뿐 아니라 어떻게 움직이느냐에 따라 변화된다. 반대로 뇌는 감각을 이끄는 움직임과 행동을 제어할 뿐만 아니라 신체기관이 담당하는 생물학적 기본기능을 조절한다. 이러한 기능에는 감정을 동반하는 반응뿐만 아니라 섹스, 호흡, 심장박동 등과 같은 기본적인 기능들도 포함된다. 만약 뇌를 당신이 애지중지하는 신체기관의 하나로 포함시킨다면, **당신은 곧 당신의 몸**이다.

두번째로 몸이 환경의 일부로 깊이 묻혀 있다는 말에 대해 생각해보자. 우리의 몸은 특정 환경 속에 내포되어 자신의 위치를 점하고 있으며 그 특정 환경과 영향을 주고받는다. 이런 상호작용은 소위 개체의 생태적 지위(econiche)*를 규정한다. 인간은 (뇌와 함께) 그러한 생태적 지위의 변화 속에서 진화해왔다는 사실을 잊지 말아야 한다. 이러한 사실을 강조하는 이유는, 설명을 간략하게 하기 위해 앞으로는 세 가지 요소 가운데 몸과 생태적 지위, 두 가지에 대해서는 언급하지 않고 뇌에 대해 이야기할 것이기 때문이다. 실제로 내가 뇌에 대해서만 언급하더라도 내 마음속 저 깊은 곳에는 세 가지 요소가 함께하고 있음을 기억하기 바란다.

이제 의식을 이해하는 데 기초를 제공할 이론으로 돌아가자. 그러한 이론은 컴퓨터를 특징짓는 논리나 정확한 시계**에 의한 제어 없이 일어나는 뇌반응의 다양성과 규칙성 모두를 설명해야 한다.

연산의 개념을 포기한다면 우리는 어디에 기댈 수 있는가? 그 답은 개체군사고(population thinking)라는 다윈의 기본 아이디어에서 찾을 수 있다.[1] 다윈은 특정 형질이나 종의 부류가 다양한 개체(서로 다른 형질을 지닌 개체들)가 모인 집단으로부터 선택됨으로써 발생한다고 제안했다. 자연선택이라는 그의 독창적인 아이디어에 따르면, 종 내부와, 종 사이에 벌어지는 경쟁이 평균적으로 다른 개체들보다 환경에 더 적합한 개체가 생존

---

*econiche는 ecological niche의 준말이다. niche란 생태적 시스템 속에서 종이나 개체군이 위치하고 있는 상대적 지위를 의미한다.

** 논리적인 연산을 수행하기 위해 시계열적으로 전후관계가 분명하다는 의미이다.

하고 번식하는 결과를 낳는다. 그 결과 그들의 자손과—이제는 알게 된 바와 같이—그들의 유전자가 살아남는다. 자연선택은 차별적인 재생산(differential reproduction)이다. 다윈이 제안한 이 범상치 않은 개념에 따르면, 개체군 내에서의 변이는 단지 잡음이 아니라 선택과 가능한 생존을 위한 바탕이 된다.

이 모든 것은 수백만 년 동안 진행된 진화를 통해 발생한다. 그렇다면 선택적 시스템(selective system)이 한 개체의 삶 내에서도 작동할 수 있을까? 우리는 그것이 가능하다는 사실을 알고 있다. 바로 척추동물의 면역체계(immune system)가 자연선택 시스템이다.[2] 우리 몸은 항체(antibody)라 불리는 물질의 시스템을 통해 외부물질(박테리아나 바이러스, 혹은 더 간단한 유기체의 일부)의 형태를 인식한다. 이 단백질들은 우리의 혈액 속을 순환하고 있으며 또한 림프구라는 면역계중심세포의 표면에도 존재한다.

면역학자들은 항체들이 이전에 결코 존재한 적도 없는 새로운 물질조차도 구별하여 결합할 수 있다는 사실을 발견하여 지시설(指示說, instructive theory)이라는 것을 제안했다. 이 이론은 항체가 애초에 형성될 때 도입된 외부물질(즉 항원[antigen]) 위로 포개어질 것이라고 제안했다. 그 뒤 항원은 제거되고, 항원의 형태에 상보적인 모양을 띤 구멍이 항체에 남게 된다. 그러면 그 항체는 나중에 그 항원을 다시 만나게 되있을 때 항원과 결합할 수 있을 것이다. 이 아이디어는 간단명료해서 그럴듯해 보이지만 결국 잘못된 것으로 밝혀졌다.

실제로는 면역인식(immune recognition)이 교습이 아닌 선택에 의해 발생하는 것으로 판명되었다. 몸의 각 림프구 내에 있는 항체생성유전자는 돌연변이(mutation)와 재조합(recombination) 등에 의한 변이를 겪는다. 그 결과 특정 세포의 표면에서 이질적인 항원과 결합하는 부위의 항체단백질은 독특하면서도 유일한 모양을 띤다. 우리 몸에는 1000억 개 이상의 림프구가 있는 만큼, 각각이 한 종류의 항체를 갖는다고만 해도 엄청난 수의 항체가 만들어진다. 이질적인 항원이 그 모양에 맞는 항체를 매개로 하여 하나 혹은 그 이상의 세포에 결합하면, 그 세포는 분열하라는 신호를 받아 더 많은 항체를 생산한다. 그 결과 이후에 면역성을 띤 항원에 다시 노출되면, 엄청나게 많은 수의 '특정' 항체들이 훨씬 더 빠르게 항원에 결합하여 그 영향력을 무력화시킨다(나는 그동안 이 정교한 선택적 시스템에 내 연구인생의 상당 부분을 할애해왔고, 동료들과 함께 항체의 화학구조에 대해 연구해왔기 때문에 이 시스템에 대해 잘 알게 되었다).

진화와 면역의 예를 통해 우리는 무엇을 알 수 있는가? 먼저, 다양성의 발생인자(generator of diversity, GOD)라는 것이 반드시 있음을 알 수 있다. 다음으로, 종에게는 경쟁(진화), 개체에게는 이질적 분자(면역성)라는 환경적 도전이 반드시 있다는 사실이다. 세번째로, (진화에서는) 더 적합하거나, (항원과의 결합에서는) 잘 들어맞는 변이의 차별적 확장이나 재생산이 반드시 존재한다는 사실이다. 그러나 이 세 가지 원리에 의한 기제가 두 경우에서 동일하게 작동하지는 않는다는 사실을 유념해야 한다.

우리는 위의 결론을 바탕으로 뇌도 면역계와 같이 각 개체의 삶 내에서 작동하는 선택적 시스템이라고 제안해볼 수 있다. 나는 이러한 견해를 1977년에 처음 제시하였고, 그 후 신경다윈주의(neural darwinism)라는 이름하에 이 이론을 꾸준히 확장시켜왔다.[3] 이 이론은 세 가지 원리를 갖는다. 첫째, 뇌신경회로의 발달은 지속적인 선택과정을 거친 결과 엄청난 수의 미세한 해부학적 변이를 초래한다. 이러한 발달상의 선택을 유발하는 최대 원동력은, 심지어 태아의 뇌에서조차 함께 발화하는 신경세포들은 함께 연결된다는 사실이다. 예컨대 서로 멀리 떨어져 있는 두 개의 신경세포도 그들의 발화패턴에 일시적이나마 상관성이 있으면 서로 연결되어 회로를 형성한다. 둘째, 이미 형성되어 있는 해부학적 회로의 레퍼토리가 동물의 행동이나 경험에 따른 신호를 받게 되면 일련의 부가적이면서 중복되어 있는 선택적인 사건들이 일어나게 된다. 이러한 경험적 선택은 이미 해부학적으로 존재하고 있는 시냅스의 강도가 변화함으로써 이루어진다. 어떤 시냅스들은 강해지고, 어떤 것들은 약해지는 것이다. 그것은 마치 시냅스에 경찰이 배치되어 있어서, 특정 시냅스에 배치된 경찰은 축색돌기로부터 수상돌기로 전해지는 신호를 촉진시키는 반면, 다른 시냅스에 배치된 경찰은 시냅스를 통과하는 신호를 줄이는 것과 같다. 이러한 과정을 통해 뇌에서 형성될 수 있는 신경회로조합의 수나 선택된 요소를 조직하는 신경집단(neuronal group)의 수는 방대하다.

발달적, 경험적 선택의 궁극적 결과는 어떤 신경회로들이 다른 회로들보다 선호된다는 점이다. 그러나 우리는 뇌가 논리와 시계열상 정확한 선후관계에 따라 작동하는 컴퓨터라는 은유를 버리기로 했다. 그렇다면 우리는 어떻게 이 시스템으로부터 **통일성 있는** 행동을 얻을 수 있을까? 그리고 무엇이 그 시스템을 편향되게 이끌어 적응적 반응을 낳는 것일까? 첫번째 질문에 대한 답은 재유입(reentry)이라 부르는 과정을 제안한 내 이론의 세번째 원리에서 찾을 수 있다.[4] 재유입이란 고등한 뇌에서 편재하는 대량의 평행섬유(parallel fiber: 축색돌기)를 통해 뇌의 한 영역(또는 지도)으로부터 다른 영역으로 전해졌다가 다시 되돌아오는 연속적인 신호의 흐름이다. 재유입되는 신호의 경로는 매우 빠른 속도로 끊임없이 변화한다([그림 2]).

이런 재유입경로 때문에 얻는 궁극적인 효과는 특정 회로 내에서 신경세포의 집단들이 동시 또는 정해진 시간에 맞추어 발화할 수 있다는 점이다. 이 때문에 시간적, 공간적 조정기능이 가능한데, 만약 이런 재유입경로가 아니라면 일종의 연산이 필요할지도 모른다. 재유입현상을 좀더 잘

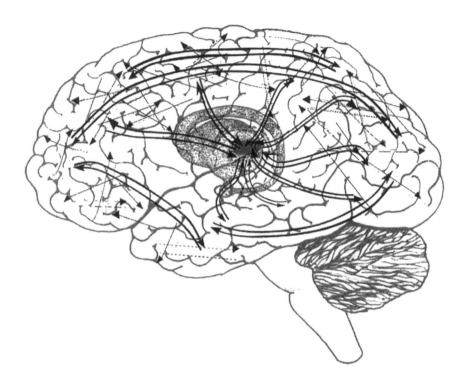

[그림 2]

여기서는 시상피질계 내에서의 상호연결을 통해 재유입을 표현했다. 해부학적 배열은 서로 다른 피질영역뿐만
아니라 피질과 시상 사이 상호적인 연결의 치밀한 망까지 포함한다. 위 그림은 실제 뇌에서 보이는 상호적 연결
의 수나 밀도를 충분히 나타내주진 못한다. 이러한 상호적 연결들은 활동전위나 시냅스의 강도를 조절하는 것
처럼, 다양한 특정 뇌영역에서 일어나는 각기 다른 활동들을 통합하기도 하고, 동시 발생시키기도 한다.

이해하기 위해 제멋대로인 연주자들로 구성된 현악 4중주단을 상상해보자. 각각의 연주자는 각자의 멜로디를 서로 다른 리듬으로 연주하고 있다. 이제 모든 연주자들의 몸을 아주 섬세한 실로 (그들의 모든 신체부위에 가능한 많이) 연결한다. 그러면, 어떤 일이 일어날까? 그들은 연주를 하면서 무의식적으로 자신의 움직임을 다른 연주자들에게 전달할 것이다. 그리고 얼마 되지 않아 리듬이나 어느 정도 멜로디가 점점 통일성을 가지게 될 것이다. 이러한 역동적 관계는 계속될 것이며 새로운 통일성 있는 결과물을 만들어낼 것이다. 이러한 현상은 즉흥 재즈연주에서도 관찰된다. 물론, 연주자들을 연결하는 실 없이도 말이다!

신경집단선택이론(Theory of neuronal group selection; TNGS)이나 신경 다윈주의가 개체의 적응적 반응을 설명하기 위해선 한 가지 조건이 더 필요하다. 바로 성공적인 적응을 위해서는 다소간의 편향성이 재유입에 의해 조율된 발달적, 경험적 선택의 결과를 조절해야 한다는 것이다. 각각의 종에서 이러한 편향성은 자연선택의 결과 뇌 속에 가치평가시스템(value system)의 형태로 유전되고 있음이 밝혀졌다. 각각의 가치평가시스템은 특정 상황에서 특정한 종류의 신경전달물질(neurotransmitter)이나 신경조절물질(neuromodulator)을 분비시킨다. 한 가지 예가 뇌간(brain stem)의 양쪽에 있는, 뉴런의 작은 집합체인 청반(locus coeruleus)이다. 이 뉴런들은 축색돌기를 뇌와 척수로 보낸다(이것은 마치 헤어네트(hair net)* 처럼 뇌에 분포되어 있다). 크고 시끄러운 소리와 같은 깜짝 놀랄 만한 신호를 받으면 이 신경세포들은 마치 정원에 댄 호스에서 물이 새듯 주변에 노르아드레날린(noradrenaline)이라는 신경전달물질을 분비한다. 그 결과, 다수의 뉴런에서 시냅스반응의 역치를 낮추어, 시냅스강도를 변화시킴

---

* 머리모양이 흐트러지지 않도록 머리 위에 덮는 그물.

과 동시에 발화를 증가시킨다.

이와 유사하게, 신경전달물질의 일종인 도파민(dopamine)을 방출하는 가치평가시스템도 있다. 이 시스템은 기저핵과 뇌간에서 발견된다([그림 1] 참조). 도파민 분비는 학습을 촉진하는 보상시스템으로 작용한다.[5] 이밖에 다른 시스템은 다른 종류의 신경전달물질을 분비한다. 예를 들어 세로토닌(serotonin)을 분비하는 시스템은 일시적인 기분을 조절하며, 아세틸콜린(acetylcholine)을 분비하는 시스템은 수면과 각성상태에서의 역치를 변화시킨다. 가치평가시스템의 조합은 선택적 시냅스변화와 더불어 신경집단의 특정 네트워크에서 행동을 좌우한다. 이러한 네트워크 내에서의 선택은 개별 개체가 보이는 행동의 범주를 결정한다. 가치평가시스템은 편향성과 보상을 제공한다.

우리는 이제 뇌가 다양성의 발생인자를 가지고 있음을 알게 되었다. 그것은 신경집단들을 통해 미지의 세계로부터 오는 신호를 접한 후, 그중 적응적인 신경집단의 연결회로를 차별적으로 강화하도록 촉진한다. 이로써 우리는 뇌가 선택적 시스템의 명백한 예라고 결론 내릴 수 있다. 앞서 신경다윈주의가 기초하고 있는 세 가지 원리를 통해서도 언급했지만, 각각의 뇌는 해부학적 구조나 그 역동성 측면에서 유일무이할 수밖에 없다는 사실을 강조하고 싶다. 심지어 쌍둥이들의 뇌도 서로 다를 것이다.

나는 여기에서 신경다윈주의를 지지하는 증거를 논하지는 않을 것이다.[6] 다만 그저 많은 실험연구들이 발달선택에서의 변이와 학습과 기억과정에서 시냅스강도의 변화가 갖는 중요성, 그리고 신경회로들 간의 조화를 통한 뇌의 각 영역에서의 활동조정에 대한 재유입의 기여를 밝혔음을 말하고 싶다.

신경다윈주의의 관점에서 보면, 시각기능만 수행하는 시각피질처럼 기능적으로 분리된 다수의 뇌영역들은 반응과정에서 재유입에 의해 서로 연결되어 있다. 피질의 V1영역은 자극의 방향, V4는 색깔, V5는 움직임을 파악하는 기능을 담당한다. 이 영역을 비롯한 수많은 다른 영역에도 감독관은 따로 없다. 대신 상호신경섬유(reciprocal fiber)에 의해 재유입되도록 서로 연결되어 있다([그림 2] 참조). 각 영역에서 일어나는 반응이 연합되면서 단일화된 지각, 즉 예를 들어 기울어진 붉은색 원통모양의 움직이는 물체라는 지각을 만들어낸다. 이러한 지각은 분리된 다양한 영역에서의 반응을 연합하는 동시적 발화회로의 작동에서 나온다.

이 이론에 따르면, 어떤 사건에 대한 기억은 특정 시냅스의 강화와 약화를 통해 원(原)회로 중 일부의 재사용이 증진되는 역동적 시스템의 특성이다. 그러나 원래의 물체로부터 오는 신호란 없다. 기억회상에 근거해 사물에 대한 이미지나 생각을 만들어내는 뇌 속 재유입회로의 자극만이 있을 뿐이다. 이 경우 이미지는 뇌가 스스로에게 말하는 과정을 통해 일어난다. 가치평가시스템의 영향을 받아 재범주화된 기억은 연상력을 얻는 대신 절대적인 정확성을 잃는다.

연상적 회상을 설명하기 위해 마지막으로 한 가지 개념을 반드시 소개할 필요가 있다. 바로 선택하에 놓인 뇌회로들은 반드시 축중(縮重, degeneracy)이 있어야 한다는 것이다. 여기서 축중이란 서로 다른 구조가 동일한 기능이나 결과를 산출하는 상태를 의미한다. 축중을 보이는 좋은 예 중 하나는 유전암호(genetic code)이다. DNA에 있는 염기의 트리플렛(triplet)*은 단백질을 만드는 20개 아미노산 중 특정한 하나를 가리킨다. 화학적으로 서로 다른 4개의 염기(G, C, A, 또는 T)가 있으므로, 이론적으로는 64개의 트리플렛이 가능하다. 그러나 실제로는 20개의 아미노산만이 존재하기 때문에 이는 유전암호가 축중되었음을 의미한다. 4개의 염기

---

* 3개의 염기로 이루어진 한 벌.

중에서 어떤 것이라도 각 트리플렛의 세번째 자리에 둘 수 있다. 그리고 많은 경우 지정된 아미노산을 변화시키지 않고도 그렇게 할 수 있다. 하나의 아미노산을 암호화하는 방법은 평균 대략 3가지(64를 20으로 나누면 3.2가 된다)가 있다. 따라서 염기 300개로 구성된 100개의 서로 다른 아미노산이 하나의 단백질을 만든다면, 대략 $3^{100}$개 정도의 염기서열이 동일한 단백질서열을 지정할 수 있다. 이처럼 유전암호는 축중된다.

축중성은 세포의 특성에서부터 언어에 이르기까지 다양한 수준의 생물학적 조직에서 발견된다. 축중성은 선택적 시스템의 본질적인 특성이며 그것 없이는 선택적 시스템은 실패할지도 모른다. 따라서 우리는 지각과 기억에 있어서 신경집단의 수많은 서로 다른 회로들도 유사한 결과물을 산출하거나 또는 할 수 있을 것으로 예상한다. 만약 한 회로가 기능하지 못하면 다른 회로가 작동할 것이다. 이는 축중시스템의 실패를 방지한다는 것 이상의 중요성을 가진다. 뇌회로의 축중성은 거의 불가피하게 기억과 학습을 위한 핵심적인 특성인 연합을 초래한다. 이러한 연합은 유사한 결과를 만드는 서로 다른 축중회로가 있기 때문에 가능하다. 그리고 만약 입력신호가 바뀐다면, 이러한 중복은 서로 다른 결과를 내는 서로 다른 회로의 연합을 낳을 것이다.

신경다윈주의 같은 선택이론은 필연적으로 신경집단이 매우 다양한 범위로 존재함을 가정한다. 이 이론은 여러 신경집단의 조합이 어떻게 해서 몸, 세계, 그리고 뇌 자신으로부터 온 다양한 입력에 기반하여 통합된 전체로 묶이는지를 설명한다. 앞으로 살펴보겠지만, 이러한 것들은 매우 풍부하면서도 동시에 단일한 특성을 가지는 의식상태를 설명하는 데 필요한 특성들이다.

# 제4장

뇌 의

작 용 에 서 부 터

의 식 까 지

의식은 군림하지만, 통치하지는 않는다.

──폴 발레리(Paul Valéry)

이제 의식이 동물의 진화과정에서 어떻게 출현하여, 개체의 발달과정에서는 어떻게 발생했는지를 그럴듯하게 설명하려고 한다. 지금까지 축적된 증거에 의하면 의식은 피질과 시상 사이의 재유입과 피질과 피질하구조 사이의 상호작용, 그리고 피질 내에서의 상호작용에 의해 발생한다. 이 이론에 따르면, 일차의식은 진화과정에서 시상피질계(thalamocortical system)가 크게 확장되고 특정 시상신경핵(thalamic nuclei)의 수가 증가하며 대뇌피질이 확장되면서 나타났다.[1] 이러한 진화상의 사건들은 약 2억 5000만 년 전 파충류에서 조류로 이행할 때 또는 파충류에서 포유류로 이행할 때 시작되었을 것이다.

피질의 여러 영역을 연결하는 일련의 축중된 재유입을 진화시킨 동물은 고도의 식별력이나 변별력을 발달시킬 수 있었다. 예컨대 그 개체는 수많은 감각신호를 서로 통합하고 많은 지각자극을 범주화하며, 나아가 그 것들을 여러 가지 조합으로 기억에 연결시킬 수 있다. 이렇게 볼 때, 일차의식은 지각적 범주화를 가치범주(value-category)에 대한 기억과 연결시키는 재유입으로부터 생성된다. 역동적인 핵심부(dynamic core)라고 불리는 시상피질의 재유입신경네트워크(reentrant neuronal network) 내에서 일어나는 통합적 활동의 패턴은 일차의식, 즉 기억된 현재 내의 한 장면을 생성하는데, 이 장면을 활용하여 동물개체는 미래에 대한 계획을 세울 수 있다. 어떤 동물이 계획을 세울 수 있다면, 이러한 의식 있는 동물은 그와 같은 변별능력이 없는 다른 동물보다 적응에 유리할 것이다. 의식을 가진 동물의 기억체계는 가치평가시스템 및 선택을 통해 이루어진 특정 시냅스상의 변화에 좌우되는데, 이 시냅스상의 변화는 이전에 겪었던 범주적 경험에 의해 발생한다. 기억체계는 전두엽이나 두정엽과 같이 앞쪽에 위치한 피질영역에 의해 조정되는 반면, 현재 진행되고 있는 지각과정은 좀 더 뒤쪽의 피질영역에 의해 처리된다.

의식이란 엄청나게 다양한 종류의 퀄리아로 구성된 하나의 과정이다. 즉 의식은 시상피질핵의 광범위하고 극도로 역동적인 활동으로 얻어지는 식별력이다. 이 과정에서 뇌는 대체로 자기 자신과 신호를 교환한다. 여기에서 나는 결국 핵심적인 것은 시상피질의 핵 속에서 일어나는 여러 체계들 사이의 **상호작용**이라는 점을 강조하지 않을 수 없다. 따라서 우리는 더이상 의식이 특정 영역의 기능에 의해 발생한다는 생각은 하지 않도록 조심해야 한다.

의식현상이 시상핵에 있는 신경세포집단의 선택적 재유입으로 인해 생긴다는 사실을 이해하면 의식을 설명할 때 더이상 이원론을 끌어들일 필요가 없다. 의식 그 자체는 원인으로 기능할 힘이 없는 하나의 처리과정에 불과하지만, 의식은 처음부터 끝까지 재유입핵(reentrant core)을 구성하는 신경집단의 복합적인 활동과 인과적 힘에 기반을 두고 있다. 더욱이 몸에서 뇌로 가는 신호와 뇌에서 뇌로 전달되는 신호는 개체의 발달초기부터 자기(self)라는 것이 창발되어 나오는 기초가 된다. 자기 역시 의식과 마찬가지로 일종의 처리과정이다. 자기는 자신의 기억을 되살리고 다시 돌아보기 위해 의식적 경험을 이용하며, 이러한 의식적 경험은 같은 종에 속한 다른 개체들과 의사소통을 촉진시킨다.

물론 일차의식만을 가지고 있으면 자각이나 의식적으로 계획을 세우는 일은 기억된 현재에 제한된다. 일차의식만 지닌 동물은 과거에 대해 명시적으로 설명하는 개념(explicit narrative concept)을 갖지 못하며, 먼 미래를 위한 광범위한 계획을 세울 수도 없고, 뭐라고 구체적으로 명명할 수 있는 사회적 자기(social self)도 갖지 못한다.

과거에 대한 개념, 계획능력, 사회적 자기 등의 특성이 나타나려면, 재유입회로와 관련된 진화상의 또하나의 사건이 필요했다. 고등 영장류가 진화하면서 새로운 쌍방적 경로가 발달했는데, 이 회로를 통해 뇌 속의 개념적 지도와 상징적 혹은 의미론적 참조를 담당하는 영역 사이에 신호의 재유입이 가능해졌다. 이미 우리는 침팬지가 훈련을 통해 상징적 기호의 의미를 터득할 수 있다는 사실을 안다. 그렇기 때문에 약간의 의미추론능력을 가진 침팬지는 희미한 형태의 고차의식을 가지고 있을 수 있다. 그러나 고차의식은 인류진화에서 진정한 언어가 출현했을 때에야 비로소 만개할 수 있었다. 바로 이 시점에서 인간은 자신이 의식하고 있다는 사실을 의식하게 되었고, 문장구성의 규칙(구문론)에 맞게 연결된 기호와 현실적 사건을 대응시킬 수 있게 되었다. 그러면서, 과거, 미래, 그리고 사회적 자기에 관련된 풍부한 개념들이 쏟아져 나왔다. 의식은 더이상 기억된 현재에 제한되지 않았다. 의식에 대한 의식이 가능하게 된 것이다.

신경다윈주의에 따르면 시상과 피질 전역에 분포된 매우 복잡한 역동적인 핵심부에서 이루어지는 재유입은 의식경험을 발생시키는 가장 중요한 통합적 사건이다. 이 의식경험은 핵심부의 상태가 다양하고 복잡해짐으로써 가질 수 있는 막대한 식별력이 있기에 가능하다. 이러한 핵심부의 상태들은 단위장면의 여러 측면들을 통합하는 것과 관련되게 마련이다.

새로운 핵심부의 상태와 여러 단위장면들은 뇌 자체, 몸, 그리고 외부세계로부터 무수한 신호를 받은 결과 시간이 지나면서 분화하고 발달한다.

이러한 과정을 이해하려고 할 때, 대부분의 행동은 피질하 여러 영역과 대뇌피질들 간의 비(非)의식적인 상호작용에 의해 결정된다는 점을 잊지 말아야 한다. 그러나 습관과 학습된 행동의 기초가 되는 비의식적 반응 중 상당수는 핵심부에 의해 매개된 의식적 식별과정을 통해 미리 형성되어 있어야 한다. 핵심부체계 간의 상호작용, 비의식적인 기억시스템, 그리고 가치평가시스템으로부터 전달되는 신호 등, 이 모든 것들은 인간행동의 다양성과 풍부함을 설명한다.

지금까지 논의했던 의식에 대한 나의 관점을 좀더 분명하게 보여주기 위해 이쯤에서 내용을 요약해보자. 의식상태는 단위장면으로 구성되지만, 시간의 흐름에 따라 지속적으로 변화한다. 상태들의 내용은 다양하고 그 내용에 접근하는 방식 또한 광범위하다. 내용과 접근방식의 범위는 주의력수준에 따라 달라진다. 의식상태는 대체로 지향성을 보이는데—의식은 물체나 사건에 대한 것이라는 의미이다—모든 범위의 내용이나 접근방식을 한꺼번에 포괄하지는 않는다. 의식은 다른 것보다도 주관적 느낌이나 퀄리아를 포괄한다. 내가 여기에서 강조하고 싶은 것은 역동적인 핵심부를 만들어낼 수 있는 재유입적 시상-피질시스템이 진화함으로써 엄청나게 복잡해진 감각운동의 입력신호를 통합할 수 있게 되었다는 사실이다. 따라서 이러한 핵심부를 가지고 있는 동물들은 여러 가지 상태를 민감하게 식별하는 능력을 가지게 되었다. 이런 맥락에서 퀄리아는 그러한 식별상태에 불과한데 각각은 서로 다른 핵심부의 상태를 수반한다. 간단히 말하면, 의식상태란 핵심부 내에서 신경의 여러 상태들이 통합된 결과를 의미한다.[2]

이런 내용을 염두에 둔다면, 그동안 의식에 대한 연구를 방해해온 여러 논리적 오류나 의미론적 불일치의 문제를 해결할 수 있다. 그러한 오류 중 하나가 물리적 인과성과 논리적 함의(含意, Entailment)를 구별하지 못한 것이다.[3] 시상피질핵의 작용이 의식의 **원인이 된다**(cause)는 의견은 난관에 부딪힌다. 원인은 시간적으로 결과에 선행하기 때문에, 시상피질핵의 작용이 의식의 원인이 된다고 주장한다면, 그것은 곧 전혀 비교할 수 없는 과정들 사이에 시간적인 선후관계가 있음을 내포하게 된다. 핵에서의 신경작용은 의식의 원인이 되는 것이 아니라, 의식을 **수반한다**(entail). 즉 의식은 신경작용과 더불어 발생한다. 그것은 혈액 속에 있는 헤모글로빈의 스펙트럼이 그 분자의 양자역학구조와 더불어 생겨나는 것과 같은 이치이다.

또다른 오류는 바로 인과성과 관련되어 있다. 철학자들은 좀비, 즉 마치 의식이 있는 것처럼 행동하지만 실제로는 의식을 완전히 잃어버린 존재를 비유로 들어 자신들의 주장을 펼쳐왔다. 아마도 의식적 자각 없이도 복합적 행동을 할 수 있는 소위 정신운동성 발작을 보이는 사람의 행동에서 비롯된 주장인 듯한데 이는 잘못된 것이다. 오히려 그런 식으로 연속적으로 일어나는 행동은 최초에는 **의식적으로** 학습된 것이다. 발작이 일어나는 도중에는 대부분의 과제가 그렇듯 의식을 필요로 하는 새로운 과제는 학습하지 못한다. 좀비에 대한 설명을 포함한 이런 논리의 오류는 "헤모글로빈좀비"를 상상해보면 좀더 분명하게 밝혀진다. 붉은색 대신 하얀색이 헤모글로빈을 지닌 혈구를 가졌다는 것만 제외하고는 당신과 똑같은 신체구조와 기능을 갖고 있는 좀비가 있다고 하자. 그 헤모글로빈이 당신의 헤모글로빈과 똑같이 산소를 잘 공급받을 수 있다는 것이 가능한 일인가? 당치도 않다!

또다른 혼란은 특성이나 과정을 사물처럼 받아들이면서 발생한다. 의식은 사물이나 개체가 아니라 처리과정이다. "퀄리아가 존재하는가?"라는 질문은 이와 유사한 오류를 초래할 가능성이 높다. 또한 색깔과 같은 감각범주나 다른 지각들이 마음이나 언어와 독립적으로 존재한다는 주장에도 역시 오류가 있다.

우리는 마음에 관해서 다음과 같은 가정(assumption)을 종종 듣는다. "나는 이전의 나와 동일한 존재인가?"라는 질문, 즉 존재의 연속성을 묻는 질문에 답하려면 뇌처럼 역동적이고 자기조직적인 체계는 불변의 구성요소 또는 본질을 지니거나, 혹은 이와 정반대로 뚜렷한 시간적·공간적 경계를 반드시 갖춰야 할 것이라는 가정이다. 하지만 연속성을 지니기 위해 본질이라는 개념은 필요치 않으며, 또한 어떤 시스템이 이전 상태와의 유사성을 유지하기 위해 불변의 상태로 있을 필요도 없다.

한편, 어떤 구조나 특성이 존재한다면 그 구조나 특성은 반드시 기능을 "가져야" 한다는 주장이 꾸준히 제기되고 있다. 그러나 이것도 반드시 사실은 아니다. 한 가지 예로, 꿈의 "기능"에 대해 생각해보자. 프로이트(Sigmund Freud)는 꿈의 소원실현기능에 대해 꾸준히 광범위하게 주장했다.[4] 그러나 꿈도 REM수면 동안 시상피질에서의 입력신호와 출력신호가 모두 차단되었을 때 발생하는 의식상태라는 식으로 꿈의 기능에 대한 언급 없이 설명할 수 있다.

무엇보다 심각한 논리적 오류는 어떤 현상을 설명하기 위해서는 반드시 그것을 반복해서 보여주어야 한다는 주장일 것이다. 만약 이런 생각을 고집한다면, 우리는 의식은 물론, 역사, 비행, 그리고 허리케인 중 그 어떤 것도 설명할 수 없을 것이다. 어떤 처리과정이 설명되기 위해서는 반드시 주관적으로 경험되어야 하는 것도 있다. 의식도 그중 하나이다. 다시 말해, 의식은 사적일 수밖에 없다. 왜냐하면 의식이란 개개인의 뇌 속에서 재유입적인 핵심부의 활동에 수반하는 것이기 때문이다.

의식연구를 방해하던 몇몇 장애물이 사라짐으로써 우리는 지식의 획득을 좌우하는 뇌의 작용의 몇 가지 특징을 살펴볼 수 있으며, 궁극적으로는 뇌기반인식론의 근거를 마련할 수도 있을 것이다. 이를 위해 지식이 획득되고 평가되는 방법에 대한 다양한 관점들을 살펴볼 필요가 있다.

# 제5장

## 인 식 론 과

## 그 에 대 한

## 불 만

모든 것을 의심하거나 모든 것을 믿어라:
이 두 가지 모두 편리한 전략이다.
어떤 경우에서든 우리는 깊이 생각하는 수고를 덜게 된다.
―앙리 푸앵카레(HenriPoincaré)

인식론은 지식의 기원, 범위, 성질을 다루는 철학의 한 분야이다. 쉽게 말해 인식론은 지식을 다루는 이론이다. 인식론은 철학적 사고의 발전과정에서 중요한 역할을 해왔다. 하지만 하위분야를 좀더 파고들어보면, 인식론이 제기한 아이디어의 타당성에 대해 의견이 분분하며 심지어 철학계 내부에서는 인식론자들이 하고 있는 노력들이 과연 필요한 것인지에 대해 심각하게 회의하고 있음을 알 수 있다. 인식론을 요약한 문헌들을 조금만 들여다보면 인식론에 여러 가지 수식어가 붙어 있음을 볼 수 있는데, "여성주의 인식론"(feminist epistemology), "덕 인식론"(virtue epistemology), "선봉석 인식론"(traditional epistemology), "사연주의 인식론"(naturalized epistemology), 심지어는 "인식론의 죽음"(death of epistemology)[1] 등이 그것이다.

나는 이처럼 논쟁의 여지가 많은 인식론에 대해 깊이 다루고 싶지 않다. 다만, 이 책에서 뇌과학과 인간의 지식을 연결시키려 하기 때문에, 인식론에 관해 몇 가지만 분명하게 해두려고 한다. 결론적으로 말하면, 과학의 관점에서 볼 때 인식론은 결국 불완전한 것으로 드러날 것이다. 여기서는 인식론을 제대로 조명하기 위해, 우선 몇 가지 주요 주제에 대해 간단히 개관한 후 뇌기반인식론과 관련된 주제를 다루는 방식으로 논의를 전개할 것이다.

전통적 인식론은 옳다고 검증된 신념으로서의 지식에 관심을 갖는다. 이러한 관심에 대한 많은 철학적 논쟁들은 "지식", "옳음", "신념"이라는 단어의 의미를 중심으로 이루어져 있다. 인식론 전반에 대해 회의를 가졌던 루트비히 비트겐슈타인(Ludwig Wittgenstein)이 기술한 것처럼 이러한 논쟁은 언어의 게임으로 여겨질 수 있다.[2] 전통적 인식론의 뿌리로 거슬러올라가면 적어도 본질주의자인 플라톤에 도달할 수 있다.[3] 현대에 이르러서는 데카르트의 "의심할 수 없는 신념을 찾는 외로운 사고가"라는 개념에서 인식론적 사고의 핵심을 찾을 수 있다. 그의 중심 개념인 "나는 생각한다, 고로 나는 존재한다."(cogito ergo sum)는 대부분의 현대과학자들은 받아들이지 않는 이원론의 시발점이 되었다.[4] 그의 근본적인 관심은 지식의 확고한 기반을 확립함으로써 불확실함을 제거하는 것이었다. 데카르트에 뿌리를 둔 정초주의(foundationalism)*적 관점은 전통적 인식론자들 중에서도 정신적 작용의 형식적 특성에 관심을 가진 이들의 출발점이 되었다. 그들은 또한 이 주제의 규범적인 측면에도 관심을 가졌는데, 이는 다음과 같이 표현된다: 우리는 진실한 신념을 어떻게 증명하거나 정당화할 수 있는가?

전통적 인식론의 모든 관점들은 생각하는 주체와 그 주체가 직면해야 하는 객관적인 세상을 분리하고 그 둘을 중심으로 논쟁을 별인다. 따라서 내적인 정신작용을 강조하는 합리주의자(rationalist), 지식은 주로 세상과

---

* 정초주의, 기초주의, 근본주의, 토대주의 등으로 번역된다. 이 책에서는 정초주의로 번역할 것이다.

의 상호작용에서 획득되는 감각적 자료로부터 얻어진다고 주장하는 경험주의자(empiricist), 그리고 선험적(a priori) 사고와 후험적(a posterior) 관념을 연결시킴으로써 이 주제에 접근한 칸트주의자(kantian) 사이에 격렬한 논쟁이 있어 왔다는 사실은 그리 놀라운 일이 아니다.

여러 사상가들이 이러한 견해 중 어떤 것도 인간과 세계 간의 상호작용을 제대로 반영하지 못한다고 주장하면서 이 이론들을 모조리 거부해왔다. 이러한 관점은 리처드 로티(Richard Rorty)와 찰스 테일러(Charles Taylor)의 에세이에서 발견되는데, 이런 점에서 이 두 학자 모두 "인식론의 죽음"학파("death of epistemology" school)[5]로 분류되는 것이 타당하다. 이들의 주장에 의하면, 인간은 마음속의 "표상"(representation)을 통해서만 작동하는, 세상과 분리된 관찰자가 아니다. 인간은 세상의 한 부분으로서 세상 속에 깊숙이 파묻혀 있으며, 행위를 통해 지식을 획득하는 주체(agent)이다. 게다가 우리의 뇌는 몸과 일체인데, 이 사실은 뇌가 지식을 획득하는 방식을 이해하기 위해 알아두어야 할 필수적 요소이다.

나는 전통적 인식론이나 비판자들의 견해에 대해 자세히 다루지 않을 것이다. 그 관점들에서 옳은 부분이 얼마나 있을지는 모르지만, 어쨌든 그들은 책상머리에 앉아 생각으로만 작업했다. 그보다는 인식론과 과학을 연결시키려는 노력, 즉 인식론을 자연과학적으로 설명하려는 노력이 더 생산적일 것 같다.

이런 노력을 한 사람 중 하나가 앞서 소개한 콰인인데, 그는 인식론을 자연의 법칙에 맞추어 설명하려고 했다. 그는 인식론이 과학의 기초와 밀접하게 연관된다는 독창적인 제안을 했다. 그는 정초주의가 실패했음을 깨닫고, 세상에 관한 신념이 형성되는 **심리적** 과정을 고려해야 한다고 제안했다. 콰인은 인간과 물리적 영역의 관계를 규명하기 위해서 인간주체의 주관적 감각뿐 아니라 물리학도 포함해야 한다고 제안했다. 그렇게 함으로써 그는 물리학의 "외연적 순수성"(extensional purity)을 유지할 수 있다고 했다. 주체인 인간은 "특정 패턴의 자극들을 입력신호로 받아들이고, 그것을 출력시킬 때에는 세상을 삼차원으로 구성할 뿐 아니라 역사적 요소까지 덧붙여서 내보낸다. 빈약한 형태로 들어오는 입력신호와 적극적 구성 및 역사적 요소 등으로 풍부해진 출력 간의 관계는 사실적 증거를 기초로 하나의 이론이 형성되는 과정에서 볼 수 있는 관계와 같다."[6]

콰인은 이런 제안을 함으로써 인과론적인 용어를 가지고 인식론적 주제를 효과적으로 다루었다. 하지만 그는 자신의 관심영역을 세상, 피부, 그리고 다양한 감각층에만 한정하였기 때문에, 앞장에서 논의했던 모든 주제들, 즉 의식, 지향성, 기억 등 인간이라는 주체 속에서 일어나는 여러 가지 변형(transformation)에 대해서는 분명하게 고려하지 않았다. 이러한 불일치가 해소될 수 있는 방법에 대해서는 나중에 논의할 것이다. 지금은 독자의 이해를 돕기 위해 인식론을 심리학적으로 설명하고자 했던 또다른 한 명인 장 피아제(Jean Piaget)의 이론을 살펴보겠다.

콰인의 이론이 등장하기 전, 피아제는 "발생적 인식론"(genetic epistemology)[7]이라고 스스로 명명한 이론을 내세웠다. 발생적 인식론에서 지식, 그중에서도 "과학적 지식을 그것의 역사, 사회적 발생(sociogenesis), 특히 지식의 기본이 되는 관념과 조작의 심리학적 기원에 기초해서 설명"하려고 했다. 콰인과는 달리 피아제는 주로 아동발달에 초점을 맞춘 경험적 연구를 수행했다. 그는 사고력의 기초에는 신체적, 정신적 사건들의 패턴(즉 인지적 구조)이 있는데, 그것은 특정 발달단계에 나타난다고 했다. 피아제에 따르면, 아동의 인지적 발달은 감각운동기(0~2세), 전조작기(3~7세), 구체적 조작기(8~11세), 형식적 조작기(12~15세)의 네 단계로 이루어진다. 감각운동기에는 운동신경작용이라는 형태의 지능이 나타나며 전조작기에는 직관이 나타나기 시작한다. 구체적 조작기에는 논리가 있지만 구체적인 대상에 국한된다. 형식적 조작기에는 추상적 개념이 나타난다.

피아제는 동화와 조절로 이루어지는 적응의 과정을 강조했다. 동화란 이미 존재하는 인지구조의 관점을 통해 사건을 해석하는 것을 말하며, 조절이란 환경에 부합하도록 인지구조를 변화시키는 것을 의미한다. 반세기에 걸쳐 아동을 대상으로 일련의 독창적인 실험과 관찰을 수행함으로써 피아제는 지식이 어떻게 형성되는지를 밝히려고 했다. 그는 전통적 인식론이 너무 고정적이며, 지식의 **발달**을 간과했다는 점에서 이의를 제기했다. 또한 전통적 인식론자들이 고립된 관찰자의 관점에만 의존한 타당화나 정당화만을 중시한다고 비판했다. 그는 과학의 발달과정을 잘 검토하면, 과학에 영향을 미치는 가치와 규준, 그리고 그것들로부터 파생된 지식을 발견할 수 있다고 주장하였다.

피아제가 대단한 선구자임에는 의심할 여지가 없으나 그의 제안에는 몇 가지 문제가 있다. 첫째는 단계가 엄격한 순서를 따른다고 주장한 점이다. 아동심리학자들은 피아제의 관찰을 대체로 인정했지만, 지나치게 경직되고 추론에 의존한 틀에 대해서는 이의를 제기했다. 사실, "발생적 인식론"이라는 용어는 혼동을 불러일으킨다. 그의 연구는 개체발생적 인식론(ontogenetic epistemology)으로 명명되는 것이 보다 적절하다.

용어의 문제와 별개로, 피아제가 토대로 삼은 생물학이론에는 중요한 약점이 있다.[8] 오랫동안 그는 (프로이트처럼) 개체발생은 계통발생을 반복한다는 에른스트 하인리히 헤켈(Ernst Heinrich Haeckel)의 생물발생법칙(biogenetic law)을 신봉했다. 그가 신다윈주의(Neo-Darwinism)를 거부했던 것도 발생학적 반복에 대한 신념과 어느 정도 관련이 있다. 더구나 피아제는 인간 개인의 심리발생학적 순서와 과학적 사고의 역사적 출현 사이에도 연관성이 있을 것이라는 다소 의심스러운 주장을 했다. 서양과학의 역사적 발달이 개별 인간발달의 단계를 반복한다는 것은 다소 지나친 주장이었다. 특이한 제안과 다소 지나쳐 보이는 주장에도 불구하고 피아제의 경험적인 노력은 우리가 인간의 정신발달을 좀더 깊이 이해하는 데 크나큰 영향을 주었다.

심리학에서 자연주의 인식론의 기초를 마련하고자 했던 보다 최근의 시도로는 마이클 M. 비숍(Michael A. Bishop)과 J. D. 트라우트(J. D. Trout)의 연구를 들 수 있다.[9] 그들은 내가 전통적 인식론이라 지칭하는 것을 표준적 분석인식론으로 명명한 후 그것에 대해 가장 포괄적이면서도 혹독한 비판을 했다. 그들은 추론의 탁월성을 증진시키는 프로그램(program)*을 제안하였다. 그들은 여러 분야에서 추론의 과정이 취약하다는 점을 지적하면서, 추론능력을 증진시키는 그 어떤 다른 프로그램(예컨대 전통적 인식론의 프로그램)보다 더 실용적이면서 이성이 주도하는 프로그램을 제시했다. 성공적인 추론전략을 발견하기 위해서, 그들은 전략적 신빙주의(strategic reliabilism)로 불리는 인식론적 이론을 제안했다. 이는 확실히 신뢰할 만한 규칙의 평가, 특정 전략의 비용 및 효과계산, 그리고 어떤 문제의 중요성에 관한 판단—자원을 특정 문제에 투자하는 데 필요한 객관적 이유의 가중치—등으로 구성된다.

이 프로그램은 전통적 인식론에서 적용한 정당화 방식을 대체하여 추론의 실제적 성공 여부를 기초로 하는 실용적이고 규칙에 기반을 둔 분석을 강조한다. 그렇기에 이 프로그램은 규범적인데, 만일 심리에 기반을 둔 하나의 주어진 추론전략이 우월한 성과를 낳는다면 이 전략이 채택되어야 한다. 이 처방적인 제안이 현실에서의 결과에 대한 과학적인 평가에 기초하고 있음을 주목하라. 이 제안이 규범적인 측면을 강조한다고 해서 실제와 당위의 경계를 부적절하게 넘나드는 것으로 오해받아서는 안 된

---

* 여기서 프로그램이란 '원리' 또는 '이론적 지침'을 의미하는 듯하다.

다. 나는 과학적 근거와 자료가 대부분 결여된 윤리학과 미학에서처럼 실제와 당위 사이를 부적절하게 넘나들지 않으려 한다. 전략적 신빙주의의 규범은 적절한 추론을 함으로써 평가 가능한 결과를 얻을 수 있을 때에만 채택되어야 한다.

앞서 요약한 심리학에 기초한 연구들은 경험에 근거해 자연주의 인식론을 시도한 것으로서 많은 가능성을 보여주지만 이 책의 관심사인 인간 행동을 제어하는 신경생물학적 요인을 고려하지는 않았다. 이 두 접근이 서로 상호보완적이라는 점은 지적할 만하다. 우리는 인식론이 과학적으로 확인 가능한 결과를 기반으로 발전하기를 바란다. 동시에 우리는 그 결과에 대한 신경학적 기반이 타당한지 부적절한지 평가하기를 원한다.

이 시점에서 과학에 기초한 두 가지의 또다른 인식론에 대해 간략히 언급할 필요가 있다. 첫째는 도널드 캠벨(Donald Campbell)이 진화론적 인식론(evolutionary epistemology)이라 명명한 것으로 여기에는 두 개의 주요 하위분파가 있다.[10] 첫번째 분파는 다윈이 제안한 자연선택이 어떻게 특정 종의 지식습득방법을 구속하는지에 관심이 있다. 이 분파는 인류학자들의 연구 및 다윈의 프로그램을 완성하고자 하는 시도와 맥을 같이한다. 두번째는 좀더 의심스러운 분파로 선택주의적인 사고방식을 지식 자체에 대거 적용하려고 한다. 종종 언급되는 초기 예로는 칼 포퍼(Karl Popper)의 관점으로 과학적 사고는 대체로 일련의 추측으로 이루어지는데, 그러한 추측들이 여러 반박에 노출되는 과정을 통해 선택된다는 입장이다. 또다른 예로는 여러 가지 사고방식이 유전자처럼 '밈'(meme)*의 형

......................................................

\* 도킨스는 1976년에 발표한 그의 저서 『이기적 유전자』에서 처음 밈(meme)이란 용어를 사용하였다. 이 용어는 '모방된 것'이라는 뜻의 그리스어 'mimeme'를 축약하여 유전자를 뜻하는 'gene'과 비슷한 발음이 되도록 만들었다. 생명체의 유전자처럼 재현, 모방을 되풀이하며 이어가는 사회관습과 문화로 이해될 수 있다.

태로 전파되고 복제되며, 유전되거나 선택된다는 리처드 도킨스(Richard Dawkins)의 관점이다.[11]

마지막 관점은 진화심리학(evolutionary psychology)이라 불리는 분야에서 등장했다. 진화심리학은 에드워드 윌슨(Edward O. Wilson)의 사회생물학(sociobiology)을 좀더 조심스럽게 인간의 행동방식에 적용하려는 시도이다.[12] 이타주의와 같은 인간의 행동을 유전자활동의 결과로 설명하려는 윌슨의 사회생물학적인 제안은 날카롭게 비판되었다.[13] 그럼에도 불구하고 진화심리학은 계속해서 행동, 특히 사회적 행동을 설명할 때, 선택의 주요한 단위로 유전자를 강조하였다(도킨스는 이를 "이기적 유전자" [selfish gene]로 명명했다).

진화론적 인식론과 진화심리학은 모두 인간의 지식과 행동을 설명하기 위해 일종의 범선택주의(panselectionism)를 적용한다. 간혹 이 분야들에서 제시된 개념들이 가치를 지니기도 한다. 두 관점 모두 행동과 지식을 하나의 포괄적인 패러다임으로 환원시키려는 시도로서 그럴듯해 보이지만 검증하기 힘든 그저 그런 개념과 이야기를 만들어낼 위험이 있다. 논리나 명제분석은 단순한 진화의 산물이 아니며, 오늘날의 특정 개인이나 특정 계층의 사람들에게 선택되는 것은 더더욱 아니다. 게다가 일반적으로 유전자는 진화과정에서 발생하는 선택의 단위가 아니다. 개인이 선택되는 것이다. 피아제가 다윈의 진화론을 부정하면서 경계를 넘어섰다면, 이 두 분야의 전문가들은 복잡한 현실을 설명하려고 선택주의를 과도하게 적용했다. 그럼에도 불구하고 뇌기능 수준에서의 선택주의는 여전히 탐색해볼 가치가 있는 접근이다. 이러한 접근은 뇌기반인식론을 구성할 토대를 제공한다.

# 제6장    뇌 기 반 접 근

당신의 이론은 정말 괴상하지만,
진리일 만큼 충분히 괴상하지는 않다.
―닐스 보어(Neils Bohr)

우리는 이제 다음과 같이 질문할 수 있다: 앞 장에서 제기한 문제들을 다룰 뇌기반인식론을 발전시킬 수 있는가? 내가 강조했듯이 그러한 노력은 콰인을 넘어서야 하며 의식과 정신의 물리적 기반을 다루어야만 한다. 또한 이는 피아제가 처음 연구했던 발달생물학적 창발(developmental emergence) 개념과도 대체로 맞아야 한다. 앞 장에서 보여주려 했듯이, 신경집단선택이론의 확장된 이론과 신경학에 기초한 의식적 경험의 분석은 위에서 기술한 필요조건들을 충족시키려는 시도였다. 이 장에서는 이러한 주제들을 뇌기반인식론의 강점 및 한계와 연결시켜 더 깊이 논의하고자 한다.

콰인과 피아제는 모두 인식론을 신경과학이 아닌 심리학의 한 분파로 간주했다. 우리는 뇌의 작동방식에 대한 우리의 이해가 콰인과 피아제의 제안이 지닌 결함을 보완할 수 있는지 물을 수 있다. 뇌기반인식론은 인간의 지식획득과정을 설명하는 데 어떤 기여를 할 수 있을까? 뇌기반인식론은 진화론, 즉 자연선택의 원리에 토대를 둘 수밖에 없다. 진화론이 뇌기반이론의 토대가 되는 중요한 이론이지만, 진화론 자체를 앞에서 언급한 진화론적 인식론의 기초를 이루는 가정과 혼동해서는 안 된다. 진화론은 단지 우리가 논의했던 모든 뇌의 메커니즘이 **호모 사피엔스**(*Homo sapiens*)의 진화 동안에 생겼다는 사실만을 언급한다. 이는 명료해 보이지만, 몇 가지 함의를 내포하고 있다. 첫째, 뇌는 지식을 습득하고 정교화하는 데 필요한 중추적 구조지만, 지식(앎)을 위해 미리 **고안된 것**은 아니라는 점이다. 진화는 강력하고 기회주의적(opportunistic)이지만 지적이지도 지시적(instructionistic)이지도 않다.

우리는 전통적 인식론에 대한 비판자들의 관점, 즉 데카르트가 상정한 편견 없는 관찰자(detached Cartesian observer)는 없다는 생각에 동의한다. 그 대신 앞서 소개한 우리의 진화론적 가정은 **필연적으로** 뇌와 몸이 환경(혹은 생태적 지위)에 깊이 파묻혀 있다는 사실을 전제로 한다. 그리고 일단 인류가 진화하면서 언어가 출현하자 인간의 지식 및 지식의 발달은 진화의 경로와 마찬가지로 문화에 의존하게 되었다. 여기서 문화는 피터 리처슨(Peter J. Richerson)과 로버트 보이드(Robert Boyd)가 지적했듯이 환경이나 생태적 지위와 직접적으로 동일시되지 않는다. 이 문제에 대해서는 뒤에서 다시 논의할 것이다.[1]

나는 이미 인간의 뇌는 선택적 시스템이지 지시적 시스템이 아니라고 했다. **호모 사피엔스**의 뇌는 약 350만 년 전 오스트랄로피테쿠스의 뇌에서 세 배 가까이 커지면서 현재의 크기로 매우 **빠르게** 진화했다. 뇌의 크기가 이처럼 증가한 것은 그 기간 동안 판단과 계획에 필수적인 부분인 전전두엽피질이 발달했기 때문이다. 재유입회로의 진화로 척추동물과 포유동물, 그리고 인간의 뇌에서 지식획득에 가장 중요한 조직원칙이 구비되었다. 뇌발달의 상당 부분이 확률적이고 후성적(epigenetic)—즉 함께 발화한 신경세포들은 함께 연결된다는 원리에 강한 영향을 받는다는 의미이다—이기 때문에 어떠한 두 개의 뇌, 심지어 쌍둥이의 뇌라 할지라도 서로 다르다. 따라서 인간의 뇌의 구조와 기능을 분석하기 위해서는 상세한 역사, 즉 첫째는 진화사, 그 다음에는 개개인의 뇌발달사가 고려되어야 한다.

뇌지도의 형성 시 후성적이고 역사적인 변화는 신체 내부에서 오는 신호와 환경으로부터 입력되는 신호 모두로부터 크게 영향을 받는다. 이런 현상은 출생 후의 발달뿐 아니라 태아의 발달에도 해당된다. 예를 들어 태아후기의 자기수용계(proprioceptive system)는 자발적인 움직임과 외부자극으로 생기는 움직임을 구별할 것이다. 출생 후와 유아기 동안에는 중추신경계의 신경세포집단 내에서 엄청난 선택적 변화가 일어난다. 이 변화는 유아의 발달과정에서 볼 수 있는 몇몇 결정적 시기(critical period)에 최고조에 도달한다. 한 가지 예를 들면, 두 눈을 통해 들어온 자극신호가 안우성기둥(ocular dominance column)에 전달되는 초기 몇 년 동안에 이러한 변화가 관찰된다. 안우성기둥이란 왼쪽이나 오른쪽 눈을 통해 들어온 입력신호에 반응함으로써 입체영상을 보게 하는 구조이다. 이후, 청소년기에 도달하면 이전에는 손쉬웠던 다중언어학습능력이 감소하는 것 같다. 이 모든 변화는 시냅스연결의 분포와 강도 면에서의 대대적인 변화와 더불어 발생한다. 사실 성인이 되어 신경해부학적 조직의 대체적인 윤곽이 자리 잡은 후에도, 대뇌피질에서 형성되는 지도의 경계는 신체 내부와 환경으로부터 전달되는 입력신호에 따라 기능적으로 변할 수 있다. 접촉을 매개하는 대뇌피질의 체성감각지도(somatosensory map)는 이미 잘 알려진 예이다. 특정 손가락의 수용체로부터 입력신호가 증가하면, 그 손가락을 통해 전달되는 입력신호에 반응하여 피질의 체성감각영역이 확장될 뿐 아니라 전체 손을 관장하는 피질의 경계를 변화시키기도 한다.[2] 예컨대, 바이올리니스트의 왼손입력신호에 반응하는 대뇌피질영역은 현저히 확장되어 있다.

이러한 뇌발달에 대한 기능적이면서도 역사적인 관점은 신경세포의 집단선택이론과 일치한다. 나는 뇌발달의 유연한 특성을 강조하고자 그 내용을 간략히 살펴보았다. 아마 우리가 죽을 때까지 뇌의 발달은 멈추지 않을 것 같다. 각각의 뇌의 미세한 구조는 저마다 독특할 뿐 아니라, 신경 다윈주의의 원리는 뇌의 구조가 달라도 동일한 기능을 수행하거나 동일한 결과를 산출할 수 있다는 축중성의 개념과도 직접적으로 관련된다.

인식론적 문제와 관련하여 이러한 관찰들이 의미하는 바는 무엇인가? 첫째, 엄청나게 복잡한 인간뇌의 역사적, 후성적, 그리고 축중적 특성은 신체 내부나 환경으로부터의 입력에, 그리고 무엇보다도 개체 자신의 행동에 좌우된다는 점이다. 신경집단선택이론에서는 지각적 범주화 자체가 소위 전체지도(global mapping)에 의해 좌우된다고 본다. 이는 감각영역과 운동영역의 입력회로 및 출력회로 모두로 구성된다. 즉 이 이론에 의하면 지각의 범주를 발달시키기 위해서는 감각시스템과 운동시스템 모두가 필요하다.

둘째, 뇌의 발달과 기능을 위해 필수적인 개념인 재유입은 특정 영역에서 이루어지는 뇌의 작용뿐 아니라 뇌영역 간의 상호작용을 강조한다. 선택적 특성이 있는 뇌에서 기억, 이미지, 생각 등은 모두 뇌가 재유입을 통해 "스스로에게 말하기" 때문에 가능하다.

셋째, 신경다윈주의의 원리를 적용함으로써, 우리는 의식을 둘러싼 신비를 풀어헤칠 수 있으며 자연주의 인식론의 기반을 확장할 수 있다. 의식은 척추동물의 진화과정에서 시상피질계의 재유입회로가 가치평가를 담당하는 전두엽의 기억시스템과 지각을 담당하는 후두엽의 피질시스템을 연결시킴으로써 나타났다. 그 결과 이러한 역동적인 핵심부를 구성하는 재유입회로에서 수많은 통합이 이루어지면서 자극들을 식별할 수 있는 능력이 크게 증가했다. 신경세포의 이러한 상호작용에 수반되는 퀄리아는 바로 이 같은 다양한 식별들이다. 이처럼 역동적 식별력을 지닌 뇌구조를 가진 동물들은 먹이채집이나 짝짓기, 방어에서 적응적 반응을 계획하는 데 명백한 이점을 갖는다.

넷째, 선택적 시스템으로서 뇌는 명백히 논리가 아닌 패턴인식에 의해 작동한다는 사실이다. 이 과정은 논리나 수학에서처럼 엄밀하지는 **않다**. 그 대신, 이 과정은 의식기능의 범위를 확장하기 위해 필요하다면 구체성이나 정밀성을 희생하기도 한다. 예를 들면, 인간발달초기의 사고는 주로 은유(metaphor)로 이루어져 있다. 뿐만 아니라, 논리적, 수학적 사고와 같은 정밀한 사고방식을 습득한 후에도 은유는 상상력과 창의력을 발현하는 주요한 자원이 되고 있는 것 같다.[3] 공통점이 없는 실체들을 연결할 수 있는 은유적 능력은 연상작용을 하게 하는 재유입축중체계(reentrant degenerate system)가 있기에 가능하다. 은유를 통해서 놀랍도록 풍부한 암시가 가능하지만, 은유는 직유(simile)와 달리 증명이나 반박이 불가능하다. 그럼에도 불구하고 은유는 사고의 강력한 출발점이 되는데, 그렇게 출발한 사고과정은 논리와 같은 다른 수단으로 다듬어져야 한다. 은유의 특성은 패턴을 형성하는 선택적 뇌의 작동과 분명하게 일치한다.

각각의 뇌는 독특할 뿐 아니라 환경으로부터 들어온 감각입력과 동물이 보이는 운동출력은 독립된 상황에서 결코 같을 수 없다. 이러한 사실 때문에 뇌와 미음에 대한 엄밀힌 기계적 모델은 받아들여질 수 없다. 기억이란 모든 다양한 장면을 경험한 그대로 저장해두는 창고, 즉 이런저런 상황에서 항상 찾아가는 친숙한 방이 아니라, 역동적이고 수시로 재범주화가 가능한 시스템의 특성을 가지고 있어야 한다.

한 가지 더 중요한 점이 있다면, 그것은 선택적인 뇌가 가치평가시스템에 의해 부과된 제약과 구속 내에서 작동할 수밖에 없다는 사실이다. 가치평가시스템이란 중요성, 처벌, 보상 등을 부과하는 진화적으로 유전된 구조이다. 우리가 이미 논의했듯이, 가치평가시스템은 특정 신경조절물질이나 전달물질을 일제히 다량으로 방출함으로써 시냅스반응을 변화시키는 확산적 상승신경망(diffuse ascending neural networks)으로 구성된다. 한 가지 예로 기저핵과 뇌간 내부에 존재하는, 도파민을 방출하는 시스템이 있다. 훈련 시의 도파민방출은 보상행동에 대한 기대에서 매우 중요하다.

비록 이런 종류의 가치평가시스템들이 필수적이라 할지라도, 이들은 행동과 지각적 범주화에 은근히 압력을 행사할 뿐이다. 가치평가는 범주가 아니다. 범주는 각 개체의 행동을 통해 획득된다. 가치평가시스템에 대한 이러한 생각과 인간의 정서 및 그것이 지식에 미치는 영향과의 관련성은 어느 정도 직접적이다. 전통적인 인식론은 정당화의 규범적인 측면을 완곡하게 다룰 때를 제외하고는 정서 같은 주제에 대해 직접적으로 관심을 둔 적이 없었다. 이와 반대로, 의식에 대해 뇌기반인식론의 신경집단선택이론이 제안한 메커니즘은 보편적이다. 즉 인지, 심상, 기억, 느낌, 정서, 심지어 수학적 계산까지 포함하는 **모든** 식별반응에 적용되는 것이다. 이 과정은 대부분 쌍방적이고 상호적이다. 적어도 초기단계에서의 뇌의 작용은 정서의 영향을 받지 않는 기계적 계산만으로 이루어지는 것처럼 오해되어서는 안 된다.

뇌기반인식론이 토대로 하고 있는 원리가 옳다면, 사고의 초기조직화는 연합에 의해 풍성하지만 상대적으로 부정확할 것이다. 그렇다면 과학적 탐구를 위해 꼭 필요한 엄밀한 개념은 어떻게 형성되는 것일까? 인간의 지식과 이해의 범위를 확장시키는 데 꼭 필요한 정확성이 핵심인 논리와 수학은 어떻게 발달하는 것일까?

이 질문에 답하기 위해서는 언어의 문제를 다루지 않을 수 없다. 언어는 확실히 전통적 인식론이 중시했던 것으로, 전통적 인식론은 대체로 명제나 문장의 용어를 다루었다. 또한 언어는 인간의 역사 속에서 이루어진 지식과 개념의 발달을 다룰 때에도 피할 수 없는 주제이다. 나는 이미 고차의식의 발생과 구문론 및 어휘목록의 출현과 함께 가속화된 고차의식의 발달에 대해 논의했다. 과거 및 미래의 개념과 사회적 자기를 형성하는 능력은 언어를 지님으로써 가능해졌다.

인간은 문법이 있는 언어를 사용하는 유일한 종이다. 많은 학자들이 언어가 생물학적으로 진화된 형질이라고 주장해왔고, 그들 중 몇몇은 인간이 문법적으로 옳은 문장을 만들고 인식할 수 있는 특정 언어습득장치(language-acquisition device)를 유전적으로 지니고 있다고 주장한다.[5] 신경집단선택이론은 이 관점을 거부한다. 성대와 구강 같은 신체구조뿐만 아니라 특정 뇌영역 또한 소리를 내고 인식하도록 진화했다. 또한 기저핵으로 알려진 뇌영역이 대뇌피질을 도와서 일련의 운동기능을 조절하고 인식하도록 돕는다는 사실은 잘 알려져 있다. 기저핵과 대뇌피질의 운동, 감각, 전전두엽영역 사이에 이루어지는 상호작용은 연쇄적인 감각운동을 감지하는 일반화된 능력, 즉 하나의 "기본문법"(basal syntax)을 발전시켰을 수도 있다. 만일 그렇다면 문법을 따르는 참언어는 이렇게 이미 진화된 능력을 기반으로 만들어진 것일 수도 있다.

경우가 어떻든 간에, 문화전수를 가능케 하는 언어를 가지고 있다는 점이 인간의 개념형성능력을 엄청나게 확장시켰다는 점은 자명하다. 언어의 확장과 은유가 가진 연상력은 시와 상상력을 출현시켰지만, 언어는 또한 논리의 발달을 가져왔다. 논리는 물체의 영속성과 소멸, 작동적 조건화의 발달, 그리고 운동행동의 학습된 결과 등과 관련된 뇌 속 사건들에 그 기원이 있을지도 모른다. 논리가 있기에 판단문의 용어로 콰인 같은 자연주의 인식론자가 논리학자 알프레드 타르스키(Alfred Tarski)의 탈인용(disquotation) 개념—"눈은 희다"라는 문장은 오직 눈이 흴 때에만 참이다[5]—을 빌려 진리를 정의할 수 있었다. 논리가 가장 정교한 형태로 발달하면,

그것은 가장 보편적이 된다. 즉 일차술어논리의 형태로 진술된 문장으로 부터의 참된 추론은 어휘를 대치해도 무관하다.

수학 및 수학과 언어의 관련성의 문제는 논리의 경우보다 훨씬 더 어렵다. 계산능력이 발달하는 데 언어가 반드시 필요한가? 계산능력이 발달하기 위해서 언어가 필수적이라고 주장하는 쪽은 언어학자 벤저민 워프(Benjamin Whorf)의 이름을 따서 강력한 워프주의(strong Whorfian view)라고 불린다.[6] 언어가 발달하기 이전 단계의 유아와 인간이 아닌 영장류는 한 개에서 네 개의 요소로 구성된 집합들을 정확하게 셈하는 능력을 가지고 있다는 경험적 증거가 있다. 뿐만 아니라 브라질의 토착민 문두루쿠족(Munduruku)에 관한 연구에 의하면, 그들에게는 5 이상의 수에 대한 언어가 없다. 문두루쿠족은 5 이상의 수를 정확하게 세거나 셈하지는 못하지만, 많은 수의 물건을 비교하고 "더할" 수는 있다. 이러한 발견은 언어적 도구 없이도 수를 어림셈할 수 있는 능력을 보여주므로 강력한 워프가설(strong Whorfian hypothesis)과는 맞지 않는다. 이러한 능력은 두정엽피질, 특히 두정엽뇌구(腦溝, sulci: 뇌의 돌기에 있는 계곡)에 있는 신경세포의 활동을 필요로 한다는 주장이 제기되어 왔다. 비록 이 제안은 반박되기도 했지만, 수량계산에 반응하는 신경세포들이 짧은꼬리원숭이(macaque monkey)의 전두엽과 두정엽피질에서 발견이 되었다.

이런 결과들은 언어가 셈을 하는 데 필수적이지는 않지만 아동발달에서 정확한 셈과 계산능력을 향상시키는 데 다소간 역할을 한다는 사실을 보여준다. 문두루쿠족은 셈을 못하지만, 서구사회에서 세 살쯤 되는 아이들은 각각의 숫자를 표현하는 단어가 그에 상응하는 정확한 양을 가리킨다는 것을 불현듯 인지하기 시작한다.[7] 그래서 "약한" 워프가설(weak Whorfian hypothesis)을 채택할 수도 있다. 물론 이 가설 역시 많은 비판을 받았으며 추가적인 분석이 필요하다. 저명한 독일의 수학자 레오폴트 크로네커(Leopold Kronecker)는 "자연수만이 오직 확실히 존재하는 수이다. 전능자는 그것을 우리에게 주었다. 그밖에 모든 것은 사람이 만든 것이다."라고 말했다.[8] 아마도 우리가 뇌에 대해 이해하기 시작한 내용을 토대로 볼 때, 신은 처음에 인간에게 3이나 4라는 숫자까지만 선물로 준 것 같다.

지금까지 살펴본 지식에 관한 다양한 이론들로부터 어떤 그림이 그려지는가? 지금까지 우리가 알게 된 것은 사고가 언어에 앞선다는 사실이다. 그러나 일단 언어가 형성되면, 사고의 폭발이 일어나고 사고와 신념, 때로는 지식까지도 명제와 동일시할 뿐 아니라 심지어 명제가 아닌 지식은 지식이 아닌 것으로 간주하고자 하는 유혹에 빠진다. 전통적인 인식론은 그 유혹에 굴복하고 말았다. 진정한 신념을 확인하려고 하다가 언어의 게임에 빠져버리고 만 것이다. 이러한 시도의 원래 목적은 고상하고 야심차지만, 우리가 생각하고 세상과 상호작용하는 수단에 대해 제한된 가정에 기초하고 있다. (지시나 정보를 받아들이는 별도의 수용자가 있음을 암시하는) 데카르트의 정초주의나 선험적 관념과 후험적 관념을 혼합시킨 칸트의 이론에 기초를 두는 이러한 이론적 모델들은 실제와 잘 맞지 않는 것 같다. 전통적 인식론은 과학적 지식과 실험결과를 고려하지 않은 채 발전하면서 결국 지식이 실제로 어떻게 발달하는지를 간과했다.

인식론을 자연의 법칙에 따라 설명하고자 했던 콰인은 전통적 인식론의 이러한 문제를 다루고 있다. 하지만 그는 자신의 이론의 범위를 표피적인 감각수용체와 물리학에 제한함으로써 지향성이라는 개념—즉 의식이란 일반적으로 대상, 심지어 이 세상에 존재하지 않는 대상에 관한 것이라는 개념—을 고려하지 못했다. 지향성은 우리가 어떻게 지식을 획득하는지를 이해하고자 할 때 빠뜨릴 수 없는 요소이다. 확장된 형태의 신경집단선택이론에 따른 의식경험의 분석은 지향성뿐 아니라 물리적 인과성과 의식적 경험 간의 관계를 설명할 수 있도록 자연과학적 관점을 확장할 것을 제안한다. 이 이론은 뇌와 같은 선택적 시스템을 제한하도록 진화한 가치평가 시스템을 고려함으로써 정서적 경험과 지식의 관련성도 설명할 수 있게 되었다.

뇌기반인식론이 앞으로 추구해볼 가치가 있는 접근이라면, 이러한 접근을 통해 우리는 무엇을 알 수 있을 것이며 어떤 주장을 할 수 있겠는가? 뇌기반인식론은 지식의 출처가 여러 곳임을 인정한다. 뇌기반인식론은 자연선택이론의 탁월성을 인정하지만 행동을 오로지 진화론적인 개념으로만 설명하려 들지는 않는다. 대신 뇌구조와 역동성이 후성적으로 발달함을 강조한다. 이러한 관점에서 보면, 뇌는 세상과 상호작용하면서 발달하며, 따라서 각각의 뇌는 독특하다. 논리보다는 패턴의 인식이 선행하고, 발달초기의 사고는 은유와 유사한 과정을 통해 창의적으로 패턴을 형성한다. 이 과정은 감정으로부터 자유롭지 않다. 실제로 적응적 행동의 진화에 꼭 필요한 가치평가시스템은 지식의 습득에서 정서적 경험을 반드시 필요로 하는데, 이러한 현상은 논리와 형식적 분석이 사고를 지배하기 시작하는 사고발달의 후기에도 계속된다.

이러한 관점은 지각적 범주화나 개념, 사고 등의 기원이 뇌, 몸, 세상 사이의 상호작용에서 비롯되었음을 이해하는 데 도움이 된다. 또한 이러한 관점은 지식을 습득하는 데 필수요소인 심상이나 기억과정을 더 깊이 있게 이해하는 데 도움이 된다. 끝으로 이 관점은 의식에 대해 검증 가능한 모델을 제공함으로써 물리적 현상과 의식적 사고 간의 관계를 명백하게 밝혀준다.

뇌기반인식론은 전통적 인식론에서 다뤘던 협소한 영역을 넘어 그동안 지식의 왜곡을 초래한다고만 알려진 착각이나 작화증(作話症, confabulation), 신경심리학적 장애를 분석함으로써 얻게 된 통찰도 고려해야 한다. 신경과학의 발달로 말미암아 이 분야에서 커다란 진전이 있을 것으로 생각한다. 이 부분은 나중에 다시 논의할 것이다.

하지만 뇌과학이 강력한 만큼 한계도 있게 마련이다. 뇌의 작동에 대한 상세한 설명은 아직 초기단계에 머물러 있다. 게다가 뇌가 어떻게 작동하여 언어를 생성하는지에 대한 이해는 이제 겨우 걸음마 단계이다. 지식을 정교화하는 데 언어는 가장 강력한 수단임에 틀림없지만, 그와 동시에 문제를 더 견고하게 하거나 악화시키기도 한다. 나는 다음과 같이 감히 추측해본다: 사람이 문장을 구성할 때 수백만 개 이상의 신경세포 내에서 일어나는 활동을 정확하게 기록, 분석할 수 있다고 하더라도, 우리는 그 기록 자체만으로 문장의 내용을 정확하게 기술할 수 없다. 그렇게 할 수 있는 "대뇌관찰기구"를 개발할 수 있다고 상상은 할 수 있지만, 각각의 뇌가 가진 복잡성, 축중성, 인과적 경로의 역사성과 독특성을 고려할 때 이러한 상상은 별 타당성이 없어 보인다. 그럼에도 불구하고 신경과학적 연구를 통해, 우리는 분명 인간이 지식을 획득하는 과정에 대해 일반화된 이론을 발전시킬 수 있을 것이다.[9]

뇌기반인식론을 일반화시켜 단순하게 적용하기에는 또다른 한계가 있는데, 첫번째는 다양한 문화에서 나타나는 규범적 문제와 관련된다. 우리는 자연주의적 오류(naturalistic fallacy)를 멀리해야 하며, "당위"(ought)가 "존재"(is)로부터 나오지 않는다는 사실을 인정해야 한다.[10] 우리는 기존의 자연에다 제2의 자연이 만들어낸 산물을 추가한다.[11] 그러한 자연에 대한 완벽하게 환원된 과학적 설명이라던가 자연의 윤리학이나 미학은 바람직하지도, 가능할 것 같지도 않으며 앞으로 나타날 것 같지도 않다. 문화적 요인은 신념, 욕구, 의도를 결정하는 데 지대한 역할을 한다. 리처슨과 보이드가 지적했듯이 인류의 진화과정에는 문화의 공진화가 수반되어 왔고, 이는 지식, 감정, 행동의 근본에 영향을 미치는 상대적으로 빠르고

강력한 변화의 수단을 제공했다.[12]

마지막으로 우리는 서로 다른 종류의 진리가 있다는 사실을 인식해야 한다. 과학은 증명할 수 있는 진리와 관련이 있다. 수학적 진리는 공식적인 증명과 항진(恒眞)명제(tautology)*에 근거한다. 콰인은 논리적 진리란 우리가 단순한 문장을 다른 문장으로 대체했을 때에도 진리만을 얻게 되는 문장의 세트라 정의한다. 역사적 진리는 복잡한 상황에서 발생하는 특정 사건에 좌우되기 때문에 확립하기가 더 어렵다. 이러한 여러 종류의 진리를 검증하는 방법 역시 다양하다. 그러나 과학의 경우처럼 진리는(진리라는 것이 검증될 수 있다는 전제하에 하는 이야기이다) 예측 또는 T. H. 헉슬리(T. H. Huxley)가 말한 "회고적 예언"(retrospective prophecy)—이것은 단서분석의 방법으로 셜록 홈스의 유명한 추론적 기법과 유사하다—의 과정을 거쳐 검증될 수 있을 것이다.[13]

그렇다면 인식론은 어떻게 이 모든 불만에도 불구하고 버틸 수 있는가? 인식론이 죽었다고 간주하는 것은 지나친 듯하다. 그러나 경험과학이 인식론에 돌파구를 제공한다는 것을 받아들인다 할지라도, 지식에 대한 우리의 지식이 많지 않다는 점을 인정해야 한다. 인식론에 과학적 기초를 제공하는 것이 상당히 가치 있는 행로라는 점에 동의하더라도, 현재로서는 여러 방법을 혼합하여 지식을 탐구하는 일에 만족해야 한다. 이것은 전통적 입장보다 더 겸손하고 유연한 입장이지만, 나는 이러한 입장이 더 생산적이고 수정 가능한 관점이라고 생각한다.

이러한 점들을 배경 삼아 우리는 인간 지식의 여러 형태에서 발견되는 심각한 분열을 검토하고, 그러한 간극을 어떻게 조화롭게 메울지에 대해 논의하고자 한다.

* 모순을 범하지 않고는 부정할 수 없게 되어 있는 진술, 즉 논리적으로 필연적인 진리를 말한다.

# 제7장    지식의 형태 :

## 자 연 과 학 과

## 인 문 학 의    분 열

항상 새롭고 끊임없이 커지는 놀라움과 경외심으로
나의 마음을 가득 채우는 것 두 가지가 있다:
내 머리 위에서 빛나는 별로 가득한 하늘과
내 마음속의 도덕률이 그것이다.

—이마누엘 칸트(Immanuel Kant)

우리가 뇌기반인식론에 대해 논의한 바에 따르면, 진리에는 여러 가지 형태가 있고 각각의 진리는 각기 다른 기준에 따라 타당성이 확보된다. 과학적인 탐구를 통해 얻어지는 검증 가능한 진리를 비롯하여 논리적이고 수학적인 진리, 그리고 역사를 기술할 때나 법정에서 성립하는 진리도 있다. 그동안 통합적이고 선험적인 개념에서부터 귀납법, 연역법, 수학적 증명 등 심층분석에 이르는 여러 형태의 진리를 다루는 철학적 접근들이 있었다.

나는 자연주의 인식론이 여러 형태의 진리 중 하나인 과학적 진리뿐만 아니라 인간의 사고 및 의식의 생물학적인 기원도 설명할 수 있어야 한다고 생각한다. 이제부터 나는 오래전부터 지속되어 온 자연과학과 인문학(소위 인문과학이라고 불리는 영역을 포함하여)의 분열문제를 다루고 싶다. 자연과학과 인문학이 나뉘게 된 기원을 살펴본 후, 나는 이들 간의 분열을 해결할 한 가지 방법을 제안할 텐데, 그것은 자연과학에 기초한 뇌이론과 일치한다. 그러나 자연과학과 인문학이 분열된 원인을 논의하기 전에, 내가 "과학"이라는 용어를 사용할 때에는 17세기에 시작된 서양과학을 지칭한다는 점을 분명히 해야 할 것 같다. 자연과학적인 노력은 고대 이집트, 고대 그리스, 그리고 중세 암흑기에도 있었다.[1] 그러나 내가 말하는 자연과학과 인문학의 괴리는 갈릴레오와 데카르트에서 시작되었으며, 18세기 초반 철학적 역사가인 잠바티스타 비코(Giambattista Vico)에 의해 명백하게 드러났다.[2]

역사가인 이사야 벌린(Isaiah Berlin)은 자연과학과 인문학 사이에 발생한 분열의 기원을 비코에게서 찾는다. 사람들에게 잘 알려지지 않은 비코는 인간이 변치 않는 본질을 가지고 있다는 생각을 부정함으로써 데카르트의 관점에 도전했다. 인간은 자신의 역사를 만들며 외부자연(external nature)을 이해하는 것과는 다른 방식으로 자신의 행위를 이해한다. "내면으로부터" 획득된 지식, 즉 우리의 "제2의 자연"은 외부세계를 관찰함으로써 얻는 지식과 다르다. 비코는 모든 지식에 적용되는 일련의 법칙을 내세웠던 계몽적 관점 대신 그와 상반되는 관점을 채택했으며, 당시 새롭게 소개된 자연과학적 방식을 옹호하는 모든 주장을 공격했다. 벌린의 말을 빌리면 "끝이 보이지 않는" 거대한 논쟁이 시작되었다.[3]

1744년 사망한 이후로 한참 시간이 흘러서야 알려진 비코의 견해는 진리를 확립하는 방법은 유일하다는 생각에 도전하는 것이었다. 데카르트와 프랜시스 베이컨(Francis Bacon)의 시대로부터 현재에 이르기까지의 사고의 흐름은 비코의 견해와는 반대로 자연과학과 인문과학 사이의 통일된 체계를 추구하는 것이었다. 나는 이러한 흐름(계몽적 이상을 반영하는 잘 알려진 쪽)에 속해 있는 사상가들을 열거하는 대신 반대편, 즉 비코로부터 시작하는 관점을 먼저 기술하고자 한다. 그 후 이 관점을 환원적, 혹은 통일된 과학을 주장하는 현대이론가들의 관점과 대비시켜 설명할 것이다.

이 논의에서 핵심적인 인물은 독일의 사상가이자 철학자인 빌헬름 딜타이(Wilhelm Dilthey)인데, 그는 인간에 대한 이해를 물리적 인과개념이 적용될 수 없는 해석의 문제로 간주했다.[4] 그가 1900년도 이전에 저술한 저서에서(그는 1911년에 사망했다), 그는 인간이 본질적으로 합리적이라는 생각을 거부했다. 대신 그는 인간이 의지, 감정, 사고의 다양한 조합을 활용한다고 생각했다. 그는 심리학, 철학, 그리고 역사학 분야를 정신과학(*Geisteswissenschaften*) 혹은 인문과학으로 보았다. 이것들을 물리적 세계에 관심을 가지는 자연과학(*Naturwissenschaften*)과 구별했다.

그는 비코처럼 기술적(descriptive) 심리학이 인문과학의 기초가 된다고 주장했다. 이후 그는 인간의 역사 그 자체, 특히 사회역사적 맥락을 이 기초에 포함시킴으로써 자신의 견해를 수정했다. 본질적으로 딜타이의 관점은 역사적 문화배경을 가진 내부자에 의한 해석과 해석의 조건을 연구하는 해석학의 개념에 기초한다.

많은 현대철학자들이 이 일련의 논쟁의 흐름 속에서 한두 가지 면을 집중적으로 탐구해왔다. 물론 이 흐름의 다른 지류들도 있다. 그 하나는 자연과학과 종교의 차이를 논의한 흐름이며, 더 최근에는 "과학전쟁"(science wars)이라고 해서 과학 자체는 객관성을 확보하는 방법이 아니라 단지 사물을 보는 또하나의 방식에 지나지 않으며, 과학이 어떤 지식을 진리라고 인정하는 절차가 다른 방식에 비해 결코 더 낫지 않다는 포스트모더니스트(postmodernist)들의 극단적인 주장도 있다.

나는 논쟁의 이러한 부분들을 상세히게 논의하지 않고 모든 다양한 관점들이 서로 화해하기 위해 반드시 고려해야 할 점을 제안하고자 한다. 내 생각에 사유하는 존재를 강조하는 인문과학과 물리적 세계를 강조하는 자연과학을 구분하는 데카르트의 이원론이 유지되는 한 이 둘은 **반드시** 분열될 수밖에 없다. 그런데 모든 지식은 **사유하는 존재**에서 출발한다고 한 데카르트의 입장에서 볼 때 이러한 주장은 이상하게 보일 것이다. 실제로 비코는 데카르트의 입장을 부정했다.[5] 이미 밝혔듯이 의식에 대한 나의 입장은 데카르트학파의 이원론을 분명하게 부정한다. 이와 관련된 해석으로 윌리엄 제임스도 의식은 하나의 실체이며, 안다는 것은 그 기능적 과정으로 이해되어야 함을 주장하면서 실체이원론을 부정했다.[6]

자연과학과 인문학의 분열에서 발생하는 문제와 딜레마로 사상가들은 지식에 대해 날카로운 통찰을 얻을 수도 있었지만, 동시에 그들은 극단적인 입장을 취하기도 했다. 철학자인 화이트헤드는 이 주제에 깊은 관심을 가졌으며 실제로 이 문제를 해결하기 위해서 완전형이상학(whole metaphysics)——즉 유기체의 철학(philosophy of organism)——을 제안했다.[7] 이후 C. P. 스노(C. P. Snow)가 자신의 저술에서 지식을 탐구하는 사람 중에는 인문지식인과 과학자라는 두 가지 문화 또는 상반된 집단이 있다고 함으로써 이 논쟁에 불을 붙였다.[8] 한편, 물리학자인 에어빈 슈뢰딩거는 이러한 극단성에 빠지지 않고 위대한 물리학이론들이 지각과 인지를 포함하거나 다루지 않고 단지 추정했을 뿐이라는 흥미로운 사실을 지적하였다.[9]

역사가와 해석학자들만큼이나 정력적으로 자연과학의 영역에서도 극단적 입장을 취하는 사람들이 있었다. 예를 들면 존 B. 왓슨(John B. Watson)과 B. F. 스키너(B. F. Skinner)에서 유래한 심리학분파는 행동주의 개념을 내세웠는데, 이 이론에서는 모든 유심론적 설명들을 거부했다.[10] 스키너 같은 일부 학자들은 정신적 사건은 받아들이지만, 정신적 요소가 원인이 된다는 주장은 부정했다. 지난 10년 동안에는 소위 소거유물론(eliminative materialism)이라는 것이 부상하였는데, 이는 정신적인 사건이나 과정은 없다고 주장한다.[11]

다른 철학적 학파인 논리실증주의(logical positivism)는 과학만이 유일하게 합리적인 지식의 형태라고 주장한다. 과학은 논리학과 수학적 연구에 의존한다는 점에서 "논리적"이며, 필연적 진리에 대한 선험적 지식이 경험적 과학과 일치될 수 있다고 주장했다. 본질적으로 이 관점은 논리실증주의의 틀 밖에서 만들어진 모든 주장은 참도 거짓도 아니며 무의미하다는 것이다. 불행하게도 이 학파는 그들의 가정 자체가 유의미함의 기준을 충족시킨다는 점을 보여주지 못했다. 논리실증주의에 초기 원동력을 제공한 소위 비엔나학파 사상가 중 일부는 완전한 통일된 과학을 구성하기를 희망하였다. 예를 들면, 오토 노이라트(Otto Neurath)는 사회학에 공고한 과학으로서의 지위를 부여하길 원했지만 결코 꿈을 이루지 못하였다.[12] 그럼에도 불구하고 그의 관점의 일부는 콰인의 자연주의 인식론의 이후 개념과 같은 부류에 속했다.

　과학적 환원주의(scientific reductionism)의 다른 두 가지 노력이 최근에 나타났다. 가장 야심찬 것은 소위 대통일이론(theory of everything; TOE)을 구성하려는 노력으로 이론물리학(theoretical physics)에서 유래한다. 이것은 4대 자연력인 전자기력, 약력, 강력, 중력을 통합하는 통일성 있는 형식적 기술(즉 수학적 기술)을 추구한다.[13] 그중 몇몇은 끈이론(string theory)을 통해 이러한 목적을 달성할 수 있다고 주장했다. 불행하게도 그러한 이론 중에서 검증 가능한 형태를 갖춘 이론은 아직 없다. 그리고 슈뢰딩거의 관점에서 말하면 어쨌든 그러한 이론은 그 이론을 이해하기 위해 필요한 지각이나 인지에 대한 설명은 포함하지 않을 것이다.

　또나른 과학적 환원주의의 극단은 물리학이 아닌 생물학에서 출발하는데, 사회생물학자인 윌슨이 제안했다.[14] 그는 우리가 일단 뇌가 형성되고 작동하는 소위 후성적 법칙을 이해하게 되면, 그 법칙을 적용하여 규범적 행동을 포함한 인간행동까지도 설명할 수 있게 될 것이라고 주장하였다. 그래서 윌슨은 윤리학이나 신학조차 그가 통섭(consilience)이라고 부르는 이 환원적 분석에 자리를 양보하게 될 것이라고 주장했다. "통섭"이라는 용어는 윌리엄 휘웰(William Whewell)이 「귀납적 과학의 철학」(The

Philosophy of Inductive Science, 1840)이라는 논문에서 사용한 것을 윌슨이 가져다 쓴 것이다. 휘웰은 이 용어를 통해 사실이나 이론이 학문의 영역을 "넘나들어" 공통된 설명기반을 창출하게 됨을 의미했다.

월슨의 초기기술은 다음과 같다: "인간의 행동이 물리적 인과관계를 가진 사건들로 구성된다면, 왜 사회과학과 인문학이 자연과학과 일치되지 않아야 하는가? [……] 천체에서건 혹은 유기체적 다양성에서건 모든 근본적 기초는 인간역사(human history)의 여정을 물리적 역사(physical history)의 과정으로부터 분리시키지 않는다."[15]

이러한 양 극단의 관점이 있다는 사실은 곧 중용적 태도를 비롯한 조정이 필요하다는 것을 보여주며, 이제부터 나는 그것에 관심을 돌릴 것이다. 그 과정에서 나는 앞에서 간단히 언급한 주장의 일부를 자세히 다룰 것이다.

# 제8장　　　간 극 의　　회 복 :

## 과 학 과　　인 문 학 의

## 화 해

예술은 감각을 대상화하는 것이자,
자연을 주관적으로 해석하는 것이다.
—수잔 랭어(Susanne K. Langer)

과학의 영역에서 극단적인 환원주의를 낳고, 인문학에서 현상학, 해석학, 나아가 거만한 인문주의를 초래한 쟁점을 해결할 수 있을까? 우리가 두 입장 간의 간극을 회복시킬 수 있을까? 앞서 데카르트학파의 관점을 설명할 때 언급한 바와 같이, 그들이 화해하지 못한 이유 중 하나는 의식을 자연주의적 관점에서 해석한다는 세계관으로 끌어들이는 데 실패했기 때문이다. 그러나 이제는 그것이 가능해지고 있다. 실제로 신경과학계에서는 우리의 인지능력이 진화의 산물로서 자연계의 질서를 따른다는 증거가 속속 등장하고 있다. 이로써 인지능력이 논리나 수학적 단순계산에 의한 것이 아니라, 오히려 지각, 기억, 운동신경조절, 감정 및 의식 자체의 출현과 함께 창발되어 나온다는 것이 명백히 드러나고 있다.

뇌는 진화과정에서 일어난 역사적 사건을 비롯한 일련의 사건들의 결과로 나타났다. 다시 말해, 인간의 뇌와 그것의 산물은 역사적인 맥락에서 발달했다고 볼 수 있다. 이 때문에 혹자는 뇌의 발달과정을 추적하기 위해서는 역사학자들이 사회변화나 투쟁을 추적하는 방법을 어느 정도 사용할 수밖에 없다고 말하는데, 이는 일면 타당하다. 그러나 자연선택이론이 분자유전학과 고생물학에 의해 든든히 지지되고 있기 때문에 자연선택이론을 통한 뇌진화의 역사적 설명이 가능하며, 사실 이러한 방식의 역사적 설명은 평화나 전쟁시기의 인간의 상호작용에 대한 대부분의 설명보다 훨씬 조리 있다.

한편 이사야 벌린은 그의 글에서 과학적 역사(scientific history)라는 개념이 여러 가지 이유로 이치에 맞지 않음을 밝히고 있다.[1] 우선 과학과 달리 역사는 일반화된 법칙으로 설명될 수 없다. 그렇다고 역사학자들이 일반화된 명제를 신뢰하지 않는다는 의미는 아니다. 그들도 다양한 사실과 경험의 일반적 구조에 의존한다. 때때로 그런 일반적 구조에는 상식도 포함된다. 그러나 일반적으로 역사학에는 과학적 탐구를 할 때 적용하는 연구모델이 없다. 게다가 과학적 탐구의 핵심인 논리적이고 가설연역적인 방법들은 역사적 사건에 잘 적용되지 않는 경우가 많다.[2] 물론, 어떤 이들은 사회학이나 경제학 같은 인문과학 분야에서 이러한 과학적 접근이 이루어지고 있다고 주장하기도 한다. 그러나 전반적인 역사를 설명하는 데 그런 방법들을 적용하기는 어렵다. 과학이 유사성과 법칙을 중요시 한다면, 역사는 주어진 문화에 내재한 신념, 욕망 및 의도에 의해 좌우되는 고유한 사건들과 차이들을 동일하게 중시한다.[3] 인문학자나 해석학자들은 인간의 삶에서 일어나는 일들을 탐구할 때, 위에서 논의한 맥락이란 것을 놓치지 말아야 한다. 일반화된 역사(general history)는 과학에서 말하는 일반법칙에 의한 것이 아니라, 여러 학문분야에서 연구될 수 있는 서로 다른 구성요소들을 혼합한 것일 뿐이다. 더욱이 역사적인 설명 안에는 도덕이나 미학과 관련된 규준적인 요소들이 존재하기도 한다. 역사학자들에게 있어 이러한 문제들은 해결하기가 매우 어렵고 도전적인 것일 수 있는데, 이는 그들이 자신이 속한 문화가 아닌 다른 문화에서 일어난 사건까지도 이해하고 해석해야 하기 때문이다.

벌린은 과학적인 설명과 역사적인 설명은 서로 다른 종류의 지식을 생산한다고 주장한다. 그리고 그는 이러한 차이를 외부에서 객관적으로 관찰하는 입장과 직접 행동하는 입장, 즉 일관성을 찾으려는 과학과 해석에 주목하는 역사를 비교하면서 분명하게 대비시켰다. 훌륭한 역사학자라면 인간의 행위들을 여러 차원에서 설명해낼 수 있어야 하지만, 과학자들은 일반화시키기 위해서 공통된 인간의 경험과 맞닿아 있는가에 의존하지는 않는다. 벌린의 관점에서 보면, 역사는 과학이 아니며 과학이 될 수없다.

때때로 몇몇 역사학자들은 지나치게 일반화된 역사적 해석을 시도했는데, 그 결과는 좀 우스꽝스러웠다. 한 예로, 헨리 애덤스의 동생이었던 브룩스 애덤스(Brooks Adams)를 들 수 있다. 브룩스 애덤스는 그의 저서 『문명의 발달과 쇠락의 법칙』(*The Law of Civilization and Decay*)에서 역사를 상업의 성장과 소멸이라는 측면에서 해석하려 했지만 그리 만족스러운 결과를 얻지 못했다.[4] 좀더 최근에는 오스발트 슈펭글러(Oswald Spengler)와 아놀드 토인비(Arnold Toynbee)의 방대한 노력이 관심을 끌었지만, 결과적으로 그 두 사람의 논리도 잘 마무리되지 못했다. 역사 속에서 문화의 시기를 신의 시기, 영웅의 시기, 인간의 시기로 나누어 설명하려던 비코의 노력 역시 지나친 일반화에 빠지고 말았다.[5]

그렇다고 과거의 사건을 설명하거나 해석하려는 모든 시도가 지나치게 과장되었거나 어리석었던 것은 아니다. 존 루이스 개디스(John Lewis Gaddis)는 역사학자들이 사용한 방법론을 탁월하게 설명했다.[6] 그는 역사적 사건들이 가진 우발성, 불완전성, 불가역적 복잡성을 지적하면서 여러 사회과학자들이 지나치게 단순화된 직선적 접근법에 의존한다고 비판했다. 사실상 역사의 복잡성은 뉴턴의 모델에 끼워맞춰질 수 없다고 강조하면서, 과학의 환원주의적 관점이 역사적 분석도구로서 사용될 수 없다고 했다. 그렇지만 그는 한편 역사학자들이 하는 작업이 과학자들이 사용하는 절차와 유사하다고 제안했다! 그는 복잡성이론(complexity theory), 카오스이론(chaos theory), 프랙탈(fractal) 등과 같은 과학적인 성과에 의존하여 이러한 주장을 펼쳤는데, 그가 느끼기에 여기에서는 역사학자들이 사용하는 방법론의 냄새가 난다는 것이다.

그러나 불행하게도 그가 말한 유사성에는 몇 가지 결함이 있다. 우선 과학자들이 복잡계(complex system)를 분석하여 흥미로운 결과를 얻었다 하더라도, 불평형상태(far-from-equilibrium)나 비가역적 과정에 대해 정확하게 밝힐 수는 없다는 점이다. 여전히 우리는 원인이 여럿인 과정을 효과적으로 다룰 수 있는 적절한 방법을 알고 있지 못하기에 어떤 것이 독립변수인지를 식별해낼 수가 없다. 두번째로, 무질서한 결정론적 체계(deterministic system)에서 측정된 값이란 여전히 **물리적**인 측정값이라는 점이다. 비록 측정시점에서 발생한 처음의 작은 오차들이 큰 무질서를 만들어내는 것은 사실이지만, 그것들은 양적으로 측정된 것이다. 역사적 체계는 이런 식의 양적 측정이 거의 불가능하다. 그럼에도 불구하고 개디스는 과학과 역사의 유사성을 주장하면서, 정중한 태도로 벌린의 의견에 동의하지 않는다고 했다. 그가 뛰어난 솜씨로 정리한 역사학의 연구방법들은 대부분 여전히 정성적인 것으로 남아 있다.

이러한 지적에 대해 개디스는 역사적 특성을 가진 과학이 존재한다는 주장으로 대응했는데, 그러한 과학에는 우주론, 지질학, 고생물학, 생태학, 그리고 인류학이 포함된다. 이 영역의 과학자들이 역사적 사건을 다뤄야 하는 것이 사실이고, 진화론이나 자연선택이론은 보다 전면적으로 그러한 사건들을 다뤄야 한다(혹자는 심지어 다윈을 역사학자로 볼 수도 있다!). 게다가 지질학이나 고생물학과 같은 영역에서는 어쩔 수 없이 자료들이 복잡하고 제한적이기 때문에 불완전한 기록들을 다룰 수밖에 없다.

그럼에도 불구하고 이들이 **따라야만 하는** 강력한 과학이론들이 있다. 우주론의 천제물리학이나 지질학의 판구조론, 생물학의 자연선택이론이 그것이다. 그러나 프로이트의 정신분석, 합리적 행동에 대한 사회경제학적 모델 등 이론적 근거가 다소 미약한 몇몇 심리학이론을 인정한다면 몰라도, 역사가들에게는 이처럼 반드시 따라야만 하는 일련의 이론들이 있는 것은 아니다. 이런 개디스의 주장에 가장 가까운 것으로 생태학을 들 수 있다. 생태학에서는 여러 변수들이 복잡한 환경에서 순환적으로 관계하고 있다고 본다. 실제로 우리는 생태학을 부드러운과학(soft science)이라고 부를 만한 근거가 있다고 생각할 수도 있다. 그러나 그렇다 할지라도 생태학은 여전히 역사가에게는 없는 따라야만 할 이론과 정량적인 방법들이 있다.

만약 우리가 개디스의 관점 대신 벌린의 관점을 받아들인다면, 과학적 분석방법이나 목적이 역사학적 분석과 다른 이유가 무엇인지 궁금해질 것이다. 그 대답을 찾기는 그리 어렵지 않다. 역사적 사건들은 우발적이고, 대체로 비가역적이며, 많은 경우 단 한번만 일어난다는 것이다. 역사적 사건들에는 문화적인 특이성, 언어적 모호성, 그리고 도덕적·미학적 구속과 같은 고차원적인 문제가 관여한다. 한 사람의 인간으로서 과학자도 이런 맥락 속에 놓일 수밖에 없지만 그의 목표는 매일 존재하는 사건을 넘어서서 일반화된 모델과 법칙을 도출하는 것이다.

그러나 이런 법칙 자체가 과학을 만들어낸 것은 아니라는 사실이 매우 흥미롭다. 실험이나 가설에 매달리는 사람들이 법칙을 만들어내는 것은 사실이지만, 과학, 좀더 명확하게 서양과학은 특정한 역사적 맥락에서 발생했다. 베이컨이나 갈릴레오로부터 유래된 과학적 지식을 실제 역사 속에서 의미 있게 부각시킨 요인은 무엇일까? 또한 그 지식은 지금까지 어떻게 이어져 내려올 수 있었을까?

이에 대한 대답은 뇌가 어떻게 진화했고 또 작동하고 있는지 살펴봄으로써 얻을 수 있다고 생각한다. 나는 이 책의 초반부에서 뇌와 마음이 자연선택의 결과로 발생한다는 사실을 다루었다. 나는 인간의 뇌가 뇌회로의 다양한 레퍼토리 안에서 일어나는 자연선택의 결과로 생긴 시스템이기 때문에 여러 복잡한 사건들로 이루어진 외부환경에서 어떤 신호가 들어오면 회로 중의 일부가 그 신호의 패턴에 맞게 선택된다고 결론을 내린 바 있다. 앞 장에서 나는 뇌는 컴퓨터가 아니라는 점, 그리고 세계가 하나의 부호화된 테이프 조각이 아니라는 점을 강조했다. 뇌는 분명한 외부자극이 없는 상황에서도 유전된 가치평가시스템의 영향을 받아 행동의 규칙성을 형성하고 개인 특유의 지각 및 기억 등에서도 일관성을 반드시 만들어내야 한다. 인간의 경우, 이런 시스템이나 과정에는 반드시 감정이나 편견이 관여한다.

선택주의적인(selectionistic) 뇌 자체는 역사적 우발성과 비가역성, 그리고 비선형(nonlinear) 과정이 작동하는 효과를 나타내게 된다. 뇌는 각 개인에게 특유한 형태로 자리 잡은 엄청나게 복합적이고 축중된 네트워크로 구성된다. 더욱이 인간의 뇌는 본질적으로 논리보다는 패턴을 인식하는 쪽으로 작동하는데, 패턴을 형성하는 과정에서 뇌는 매우 구성적인 동시에 오류에 대해서는 매우 개방적인 특성을 보인다. 이러한 특성은 고차원적인 신념은 물론 인지적 착각(perceptual illusion)에서도 잘 나타난다. 그러나 학습 같은 현상에서도 볼 수 있듯이 적절한 보상과 처벌을 가해 지각과 구성과정에서 발생하는 오류를 수정할 수도 있다.

선택주의적인 뇌에서 일어나는 사고유형을 살펴보면, 패턴인식(pattern recognition)과 논리 사이에는 대조적이면서도 상호강화하는 관계가 있다.[7] 발달초기의 사고는 패턴인식에 주로 의존하며 은유를 포함한다. 은유는 뇌의 매우 복합적이고 축중된 네트워크의 범위와 연합성이 반영된 것으로, 은유적 사고의 산물은 이해될 수는 있지만 직유 혹은 논리적인 근거로 증명될 수는 없다. 예컨대 "나는 내 삶의 해질녘에 살고 있다."라는 말을 이해할 수는 있겠지만, 이를 증명할 방법은 없다.[8]

언어는 이러한 사고과정이 가지고 있는 구성적이면서 원래부터 모호하며 불확정적인 측면을 반영한다. 선택주의적 시스템은 필연적으로 축중성을 보일 수밖에 없는데, 이때 특이성(specificity)과 범위(range) 사이에서 하나를 얻으면 다른 하나를 잃는 타협이 이루어지고 그 결과로서 이러한 구성적 특성, 모호성, 불확정적 특성 등이 나타나게 된다. 이 주제에 대해서는 제10장에서 좀더 깊이 다룰 것이다. 이러한 체계가 갖는 다양한 레퍼토리는 그 체계가 인식해야 하는 영역과 결코 완벽하게 대응되지 않는다. 그러나 다양한 것들 중에서 선택이 일어나면 그 시스템은 특이성이 증가되는 방향으로 다듬어진다. 바로 이 시점이 논리와 수학적인 사고가 시작되는 지점이다. 이로써 우리는 창조적 사고과정 안에서 패턴인식을 잘 해내기 위해서는 본질적으로 축중성, 모호성, 그리고 복잡성이 반드시 필요하다는 결론에 도달한다. 과학적 사고를 하면 관찰이나 논리, 수학을 적용함으로써 법칙이나, 그것이 아니더라도 적어도 어느 정도의 의미 있는 규칙성을 얻어낼 수 있다. 한편 역사학적 분석을 하면 질적인 판단이나 해석이 우리가 얻을 수 있는 대부분이다.

우리의 뇌기능과 인식능력이 물리학의 지배를 받으며, 자연선택의 산물로 이해될 수 있지만, 이 모든 능력이 환원에 의해 성공적으로 다루어질 수 있는 것은 아니다. 과학과 역사를 화해시키기 위한 수단으로서 에드워드 윌슨이 제안한 통섭의 개념은 성립될 수 없다.[9] 한 예로 그는 뇌가 분화를 통해 발생한다는 후성설의 관점으로 윤리학이나 미학과 같은 규범적인 체계를 설명하려고 했는데, 이는 그러한 체계들의 본질적 특성은 물론 선택적인 뇌가 작동하는 방식과도 일치하지 않는다. 데이비드 흄(David

Hume)이 지적했듯이 "당위"는 "존재"에서 오지 않는다. 만약 당위가 존재로부터 나온다고 가정하면 G. E. 무어(G. E. Moore)가 말한 자연주의적 오류에 빠지게 된다.[10] 뇌와 정신의 관점에서 그러한 쟁점을 조망하면 후성설의 법칙은 뇌 속의 축중적인 네트워크들이 가진 풍부한 복잡성과 개인의 역사를 만족스럽게 설명하지 못한다. 앞서 살펴본 바와 같이 의식적 경험은 고차의식적인 퀄리아에서의 복잡한 식별이며, 각 개인의 역사와 뇌에서 일어나는 사건은 독특하다. 지향성이나 행동에 있어 명백한 규칙성이 있다고 하더라도 그 규칙성이란 변하기 쉽고 문화와 언어에 의존하며 매우 다양하고 풍부하다. 주관성은 환원 불가능하다.

뇌에 기초해서 지식획득과정을 설명하는 데에는 흥미롭게도 순환적인 요소가 내포되어 있다. 과학적이기 위해선 선택주의적 뇌에 역사적 요소가 작용할 필요가 있다. 역사는 결국 특정한 물리적, 화학적 현상들을 일반법칙으로 환원시킨다. 외부세계의 질서와 우주는 이 법칙을 따른다. 나머지 개인적인 사건이나 역사적인 사건의 결과들 역시 이 법칙들을 따라야겠지만 이 법칙들로 완전히 설명되거나 간략하게 정리될 수는 없다.[11] 이러한 사건들이 하나의 법칙으로 단순하게 환원이 되든, 될 수 없든 이 모든 사건은 자연의 질서 속에서 과학적인 근거를 가지고 있다는 것을 알 수 있다. 뇌나 의식적 정신상태의 진화는 물리법칙의 틀 안에서 자연선택에 의해 일어났다. 따라서 그 과정은 다음과 같이 명료하게 정리될 수 있다: 호모 사피엔스가 진화하면서 언어와 고차의식이 등장했고, 이것들로 인해 증명 가능한 진실을 추구하는 경험주의적인 과학이 가능해졌다. 언어와 외부세계의 관찰에 대해 논리를 적용하고, 영구적인 지적 대상에 대해 수학을 적용함으로써 의식의 발달은 더욱 가속화되었다. 그럼에도 불구하고 언어와 의식은 논리나 수학에 의해, 또는 논리나 수학의 형태로 환원될 수 없는 어떤 특정한 역사적 맥락에서 일어났다. 나아가 고차의식과 패턴인식이 가능하고 자연선택의 원리를 따르는 뇌가 특정한 역사적·문화적 상황에서 예술적, 미학적, 그리고 윤리적 체계를 생성시켰다는 점은 의심할 여지가 없다. 이제 우리는 과학과 인문학 사이에 논리적인 분열은 없다고 결론지을 수 있다. 다만 우리에게는 과학이 완벽하게 철저하거나 독점적인 것은 아니지만, 지식의 건전한 기초가 될 수 있는지에 대한 논의가 팽팽하게 진행될 뿐이다.

뇌기반인식론의 출발점이 되는 이러한 관점은 여러 세대의 철학자들이 이루어낸 인식론적 주제의 견고한 발전에 비하면 상당히 느슨하다. 그러나 그것은 엄격하고 정밀한 탐구과정을 무시하지 않는다. 오히려 이 관점은 인식론적 주제의 기원을 자연과 신경집단선택의 원리와 연결시켜 설명한다. 자연화하려는 콰인의 시도와는 달리 뇌기반인식론은 피부나 감각수용기의 차원을 넘어 지각 그 이상의 것을 포함한다.[12] 실제로 뇌기반인식론은 의식적 측면에 대한 신경다원주의적 분석에 기초한다. 의식상태의 신경학적 토대는 인간의 지식을 가능하게 한다.

모든 지식이 의식상태에 좌우되는 것은 사실이지만, 이는 학습에 대한 필요조건이지 충분조건이 아님을 기억해야 한다. 의식상태는 비가역적이고 우연적이며 훌쩍 지나가버리는 특성을 가진다. 또한 의식상태는 단위장면이지만, 짧은 시간 간격으로 연속적으로 변한다. 의식상태는 폭넓은 내용을 담고 있으며 기억과 지식의 저장고에 접근할 수 있다. 의식상태는 주의력에 의해 조절된다. 무엇보다 중요한 것은 의식이 주관적인 감정과 퀄리아의 경험을 반영한다는 점이다. 재유입하는 역동적인 핵심부가 생성되면서 인간은 여러 가지 이득을 얻게 되었고 특히 방대한 양의 감각운동식별력을 지니게 되었다. 결국 퀄리아란 서로 다른 핵심부의 상태에 따른 변별상태이다. 그러한 변별상태는 사실적 진실성뿐 아니라 착각도 반영할 수 있는데, 이 모든 경우에 신경학적 가치평가시스템의 구속을 받는다.

　신경다원주의와 일치되는 이러한 논의를 이해하면, 풍부한 사적 경험과 외부의 역사적 사건들이 우발성과 불가피성이라는 두 가지 특성 모두를 공유하고 있다는 사실이 전혀 놀랍지 않다. 다시 말해 역사적 과정은 모든 사건과 경험을 과학적인 기술로 단순히 환원할 수 없을 만큼의 복잡성을 가지고 있다. 또 한 가지 주목할 점이 남아 있다. 그것은 그러한 시스템 속에서 인간의 사고 때문에 과학적 혁명과 과학적 법칙의 일반화가 가능해졌다는 점이다. 지금까지 우리는 뇌와 관련하여 과학과 역사가 어떻게 이해될 수 있는지 충분히 살펴보았다. 이제 더이상 과학과 인문학의 분열은 문제가 아니다. 우리가 뭔가를 깨닫고 알아가는 과정은 과학과 인문학을 모두 포함한다는 것을 기억하자.

# 제9장　　　　인 과 관 계 ,

## 착 각 ,

## 그 리 고　　가 치

실체는 그것이 영속적인 것임에도 불구하고 착각일 뿐이다.
과학은 그것이 무엇이어야 한다(what should be)는 것은 확인하지 못하고
단순히 그것이 무엇인가(What is)를 확인할 수 있을 뿐이다.
과학의 영역에서 벗어나면 모든 종류의 가치판단이 필요하다.
—알베르트 아인슈타인(Albert Einstein)

갈릴레이의 호를 추적하며 완성하려는 시도를 해나가는 와중에 과학의 목표를 포기해서는 안 된다. 과학의 목표는 자연현상을 가치중립적이고 왜곡 없이 기술하며 착각을 배제하는 것이다. 물리화학자인 야코뷔스 반트호프(Jacobus Henricus van't Hoff)는 과학은 검증 가능한 진리를 찾는데 도움이 되는 상상력이라고 했다.[1] 우리가 그의 말을 받아들인다면 관찰과 실험이 진리의 검증에 도움이 되는 한 상상력이 발휘되는 방식에 제한을 두어서는 안 된다는 점도 받아들여야 한다.

의식을 과학연구의 적절한 대상으로 받아들이게 되면 기이한 귀결을 얻게 된다. 우리는 객관적인 연구에서 볼 수 있는 원인분석 같은 분석수단을 찾아야 하는 동시에 의식은 주관적이며 지향성을 표방하고, 신념과 욕망을 반영할 뿐 아니라, 창조적 상상과 유사하게 볼 수 있는 착각이나 비정상성을 수반한다는 사실을 인식해야 한다.[2] 의식의 이러한 측면을 해결하는 방법을 찾기 위해서 우리는 뇌작용의 인과적 연계성을 분석해야 한다. 그리고 나서 이러한 분석을, 유용할 수도 있고 그렇지 않을 수도 있는 착각이 존재한다는 사실과 타협시켜야 한다.

하지만 먼저 이와 관련된 쟁점들을 살펴보자. 우리는 뇌가 선택적 특성을 가지고 있기 때문에 인문학을 뇌의 후성적 법칙으로만 설명하는 것이 불가능하다는 입장을 취해왔다. 뇌는 자체의 비선형적이고 상이한 레퍼토리를 외부환경 및 스스로의 몸으로부터 온 신호가 제공해준, 때로는 새롭고 비선형적인 사건들과 선택적으로 대응시킴으로써 작동한다. 진정한 의미의 언어와 고차의식이 발달하면서 엄청난 정도로 차별화된 다양한 상태를 경험한다. 그리고 이러한 차별화된 상태의 축중과 연합은 훨씬 더 많은 수의 조합과 재조합과정을 동반하는데 이 과정은 역동적인 핵심부를 통해서 통합된다. 이렇게 조합 및 재조합되는 상태는 현실과 일치하지 않을 수 있으며 오히려 구성적이고 우연적이며 맥락에 의존하는 특성이 있다.

이러한 작동으로 유발되는 사고의 양식은 처음에는 논리보다 패턴인식을 필요로 한다. 신경체계 내에서의 선택은 유전을 통해 전해 내려온 가치평가시스템과 지각에 기반을 둔 기억의 영향을 받는다. 그래서 이 체계는 지향성, 신념, 욕망 그리고 감정상태와 더불어 기능한다. 또한 이 체계는 외부환경에서 발생하는 우발적인 사건만큼이나 개체 내부에서 일어나는 우발적인 사건의 영향을 받는다. 따라서 이 체계는 규칙성뿐만 아니라 유일한 상태를 보이며, 그 상태의 일부는 더이상 달리 환원될 수 없는 주관적이고 사적인 것으로 경험된다.

이러한 모든 특성들은 사고와 언어에서 조금씩 나타난다. 발달초기의 사고에서는 은유가 지배적이며, 심지어 논리적 사고가 작동한 후에도 언어는 은유적 표현으로 가득하다. 더구나 콰인이 지적한 것처럼, 언어 자체는 그것이 지칭하는 대상이나 해석이 명확하지 않다.[3] 그러나 언어에 내재된 모호성 자체는 결정적인 약점이 아니다. 오히려 언어 자체의 불명확성 때문에 우리가 상상력 넘치는 구문들에서 인지할 수 있는 멋들어진

조합이 가능하다. 이러한 속성이 바로 선택하는 뇌가 작동한 결과로 나타나리라 예상할 수 있는 것이다.

과학적 통찰은 은유의 힘을 논리, 수학 그리고 통제된 관찰로 제어할 때 얻을 수 있다. 그러나 모든 판단과 사고가 과학적 설명으로 환원될 수는 없다. 중요한 한 가지 예가 윤리학과 미학에서 볼 수 있는 규범적 판단이다. "당위"가 "존재"로부터 나오지 않는다는 흄의 논의는 아직까지 타당성을 인정받고 있다.

과학적 환원에 한계가 있다고 해서 의식적 활동, 언어, 그리고 의미의 문제를 데카르트의 **사유하는 존재**에 관한 영역, 즉 인식론으로부터 추론해낼 수 있다는 것을 의미하지는 않는다. 의식적 사고의 기초가 되는 신경학적 기반을 설명함으로써 우리는 사실상 정신의 풍부한 속성과 물리학 및 생물학 같은 과학 사이의 관계를 타협시킬 수 있을 것이다. 그 결과 지식의 형식에 대한 진정한 화해가 가능하며, 과학과 인문학의 분열은 더이상 필요치 않을 것이다.

이러한 화해의 토대(나는 뇌기반인식론이 그 토대가 된다고 생각한다)를 마련하기 위해선 다음과 같은 오래된 질문을 다루어야만 한다: 의식과 '정신적 사건'(mental events)은 행동의 원인이 되는가? 만일 그렇지 않다면 인과적인 특성이 있는 뇌의 생물학적 활동과 의식 사이에는 어떤 관계가 있는가? 이 질문에 대한 답변을 접하면 우리는 놀라게 될 것이다. 왜냐하면 그 질문은 우리가 얼마나 커다란 착각을 하면서 살아왔는지를 보여줄 것이기 때문이다.

우리는 보통 정신적 사건이나 현상적 경험이 마치 어떤 원인이 되는 것처럼 말한다. 그러나 의식은 재유입되는 역동적인 핵심부에서 발생하는 신경세포의 통합적 활동과 더불어 생기는 하나의 **과정**이므로 의식 자체는 원인이 될 수 없다. 눈으로 볼 수 있는 거시적 차원에서 물리적 세계는 인과적이지 않다. 오직 물질과 에너지수준의 교류만이 인과적일 수 있다. 따라서 시상피질핵의 활동은 인과적이지만 그에 수반되는 현상적 경험은 인과적이지 않다. 이 점을 분명하게 하기 위해 다음과 같이 설명해보자. 특정 시간에 재유입되는 핵심부에서 발생하는 신경세포의 통합적 활동패턴을 C′라고 정의하자. 그리고 C′와 더불어 발생하는 의식상태를 C라고 하자. 그런데 C는 일련의 변별된 상태들을 포함한다. C′는 C를 수반할 뿐 아니라, 신체적 행위를 비롯하여 후속되는 C′상태를 만들어낸다. 이처럼 C′와 C는 항상 동시에 발생하기 때문에 우리는 C가 원인인 것처럼 말하게 된다. 물론 C의 상태는 C′상태에 대한 정보를 가지고 있다. 현재로서는 C만이 C′상태에 접근할 수 있는 유일한 통로이다. 왜냐하면 현재로서는 우리의 신경생리학적 방법이 인과작용을 하는 핵심부위의 상태에 따라 통합되고 있는 수많은 인과적 신경세포의 작용을 기록할 수 없기 때문이다.

그러므로 의식이 여러 가지 현상의 원인이 된다는 우리의 신념이 수많은 유용한 착각 중 하나일 뿐이라는 결론을 내릴 수 있다. 우리가 다른 사람과 의사소통할 때 C상태(의식수준)의 언어로 의사를 전달한다는 점을 고려하면 이러한 착각이 유용하기도 하다. 그러나 궁극적으로는 각 사람의 행동과 정신적 반응이 신경세포의 활동으로부터 야기된다는 점을 잊지 말아야 한다. 철학자들은 이런 결론이 결국 부수현상주의(epiphenomenalism)*, 즉 의식은 아무런 쓸모없는 것이라는 관점이 표현된 것이라고 생각했다. 하지만 사실상 의식은 뇌의 상태에 대해 정보를 제공하는 기능을 하기 때문에 우리 자신의 이해를 위해 매우 중요한 창(窓)의 역할을 한다. 재유입되는 핵심부의 상태와 그것에 수반되는 의식상태 간의 관

---

* 의식은 단순히 뇌의 생리적 현상에 부수된 것이라는 이론을 의미한다.

계를 이해한다면 부수현상주의에 대해 철학자들이 전통적으로 느꼈던 공포는 사라질 것이다.[4]

또다른 의식에서 일어나는 착각현상이 있는데, 나는 그것을 헤라클레이토스의 착각(Heraclitean illusion)이라고 부른다. 왜냐하면 그것은 시간 및 변화에 관련된 착각이기 때문이다. 사람들은 대부분 과거에서 현재를 거쳐 미래로 전개되는 순간이나 장면의 움직임으로 시간을 지각한다. 그러나 물리학적으로는 오직 현재만이 존재한다. 핵심부의 상태가 통합되어 의식상태로 되기까지 0.2초에서 0.5초 정도가 소요된다. 이 정도의 시간은 기억된 현재로 인식하는 데 필요한 최소한의 시간이다. 현재와는 달리 과거와 미래는 오직 고차의식에서만 허용되는 개념이다. 그럼에도 불구하고 우리는 종종 시간의 흐름을 헤라클레이토스의 강의 흐름처럼 생각한다. 이러한 착각 때문에 우리는 상황에 따라 같은 시간이라도 그 길이를 달리 지각하곤 한다. 시계로 측정하는 시간과는 달리 경험된 시간은 의식상태의 변화에 따라 느리거나 빨라질 수 있다.

이러한 문제들은 다른 두 가지 중요한 주제와 관련이 있다. 그중 하나는 몇 초에서 몇 분에 걸쳐 계획을 의식적으로 변별하는 일의 유용성이며, 다른 하나는 핵심부의 활동과 행동 및 매개를 담당하는 뇌영역에서의 활동 간의 시간적 관련성이다. 앞서 말한 대로, 핵심부의 상태가 통합되어 의식상태로 되는 데 0.2초에서 0.5초 정도의 시간이 걸린다. 그러나 무의식적 행동을 하게 하는 신경활동은 더 빠르게 반응할 수도 있다. 이러한 많은 무의식적 반응들(타고난 놀람반응을 제외하고)은 의식적 훈련이 필요하다. 계획적인 연습을 하면 습관적인 반응은 의식의 도움을 받지 않고도 피질과 상호작용하는 피질하구조에 의해 신속하게 나타난다. 행동과 움직임을 만들어내는 일련의 처리과정은 분명히 핵심부의 상태, 주의력, 그리고 피질하구조 등의 상호작용으로 이루어진다.

오래전부터 수많은 논쟁거리가 되어온 자유의지(free will)의 문제는 의식이 원인이 된다는 착각이나 헤라클레이토스의 착각과 관련된다.[5] 모든 물리적 사건에는 원인이 있다는 사실을 엄격하게 받아들인다면, 물리적 사건으로서 핵심부의 상태는 무언가에 의해 결정되는 것으로 보아야 한다. 신체적으로 묶여 있거나 감옥에 있거나 신경세포가 와해되어 고통을 받고 있을 때를 제외하고는 우리는 단순하게 "우리가 좋아하는 대로" 또는 "적절하다고 보는 대로" 행동하는 능력을 가지고 있다고 주장한다. 그렇기 때문에 우리는 사회의 "규범"에 따라 결정한 행동에 대해 책임을 지고, 아이들에게도 상과 벌을 주면서 훈련을 시킨다.

이러한 문제들은 규범의 문제와 신경상태 간의 관계로부터 발생한다. 우리는 "당위"가 "사실"로부터 도출될 수 있다는 생각을 '자연주의적 오류'라고 해서 이미 버렸다. 그럼에도 불구하고 우리 모두는 뇌가 기능을 하는 데에 필수적인 가치평가시스템이라는 신경구조를 선택주의적인 시스템으로서 물려받았다. 앞서 지적했듯이 가치평가시스템은 개체에서 발생할 수 있는 다양한 선택적 사건에 대해 종 특유의 제약을 가하는 기능을 한다. 빨기반사(suckling reflexes), 놀람반응, 개체의 신진대사와 생리적 상태 및 감정에 영향을 주는 호르몬경로와 자율신경체계는 우리가 적응적으로 기능하는 데 필수적이다. 그러나 이들과 이들의 제약하에서 경험을 통해 선택된 행동기준을 혼동해서는 안 된다. 실제로 고차의식을 가진 인간은 범주를 학습함으로써 가치평가시스템의 설정이 변경될 수도 있다. 대부분의 동물과 달리 인간의 가치는 변경될 수 있다. 그렇기 때문에 예측이 불가능한 행동이 나올 수 있다. 고문을 당할 때도 신을 포기하기보다는 죽음을 선택하는 성자와 대응할 만한 동물은 없다.

그러므로 가치평가시스템이 사회적인 규범을 점화하는 역할을 할 수는 있지만, 규범을 직접 결정하지는 않는다. 또한 가치평가시스템은 우리의 복잡한 감정반응을 좌우하는 뇌의 기반이 된다. 감정에 관해 탁월한 방식으로 설명한 안토니오 다마지오(Antonio R. Damasio)와 달리 나는 감정이 가치평가시스템과 핵심부의 상호작용으로부터 발생하는 복잡한 상태라고 생각한다.[6] 결과적으로 C′상태는 감정 및 인지적 내용뿐 아니라 신체적 반응들을 수반한다. 쾌와 불쾌의 감정은 조절이 가능한 가치평가시스템의 반응이다. 그러나 C′상태가 엄청나게 복잡한 상태를 의미하는 것처럼, 가치평가시스템과 C′상태의 상호작용 또한 복잡한 일차적 혹은 이차적 감정들을 만들어낸다. 이러한 모든 반응은 우리가 '자기'라고 부르는 인지적, 정서적 구성체와 밀접하게 결합된다. 이런 면에서 프로이트는 탐구의 시작점에서 오류는 있었지만 이 과정을 탐구하고 이해하려 했던 그의 노력은 높이 평가되어야 한다.

뇌기반인식론이 제공하는 설명과 철학의 선구자들이 내놓는 설명 간에는 놀랄 만한 차이가 있다. 전통적인 인식론은 정당화된 진리로서의 믿음, 진실의 추구 그리고 진실의 조건에 관심이 있다. 결코 이러한 관심사들이 과소평가되어서는 안 된다. 그러나 결국 그들의 논의는 대부분 언어, 의미, 논리에만 한정되고 편협하며 별 가망이 없는 시도로 끝이 났다. (의식적 또는 무의식적) 동기나 감정, 패턴인식 등은 지식의 습득과정을 이해하는 데 매우 중요한 요소임에도 불구하고 그들에게는 중요한 관심사가 아니었나.

생물학에 근거한 관점이 비록 덜 우아하지만 그것은 전통적인 관점에 우선하며 그것의 기초로 간주될 수 있다. 이러한 결론에 대해 심리학과 인식론을 혼동한다는 비판이 있을 수 있다. 그러나 나는 그러한 비판에 개의치 않는다. 진화의 긴 과정 동안 지식이 어떻게 발생했는지를 아는 것은 인용해제(disquotation)를 통해 진리를 이해하는 것만큼 중요하다. 만약 우리가 "'눈은 희다'라는 진술문은 눈이 실제로 흴 때만 참이다"라는 진술이 특정한 종류의 진리를 보증하는 정교한 방식이라는 사실을 인정한다면 이러한 진리의 사회적 기원뿐 아니라 생물학적 기원을 확인하는 것 역시 동일하게 중요하다. 그 이유는 명백하다. 진실을 주장하기 위한 다양한 근거들이 있고, 이러한 근거들은 그것의 기원과 관련하여 평가되어야 하는 것이다. 어휘의 대치로만 진리를 파악하는(즉 일치술어논리의 속성을 지니는) 것은 너무 편협한 방법이다. 논리 자체의 발달은 고차의식의 문화적 결과에 의존해왔음에 틀림없다. 논리에 의해 보완된 창조적인 의식적 상상은 과학적 진리의 발달에 이바지해왔다. 따라서 선택적 시스템인 뇌로부터 사고와 행동에서의 창조성이 어떻게 발생하는지 알아볼 필요가 있다.

# 제10장

## 창 조 성 :

### 특 이 성 과

### 범 위 간 의

### 유 희

인간의 사고(mind)는 논리적이라기보다 직관적이며,

다룰 수 있는 것 이상을 이해한다.

—마르케스 드 보브나르그(Luc Ed Clapiers, Marquis De Vauvenargues)

창조성에 대한 논의에서 나는 신중함과 자제심을 발휘하려고 한다. 나의 목적은 미학이나 예술적 창조성의 특수성을 논하는 것이 아니다. 오히려 나는 선택적 뇌에 관한 이론이 개인과 사회의 창조적 활동과 어떻게 관련되는지를 물을 것이다. "창조성"(creativity)이라는 어휘는 풍부한 의미를 담고 있다. 먼저 창조적이라는 말의 사전적 의미는 "최초의", "발명해내는", "표현적인", "상상력이 풍부한"이다. 창조한다는 것은 뭔가를 만들고, 생산하고, 건설하는 것, 혹은 존재하게 하는 것을 의미한다. 이런 맥락에서 우리는 창조자로서 신을 자주 언급한다. 하지만 다양한 의미를 지닌 창조성을 자유의지의 문제와 연결하여 창조자가 창조될 자유가 있다고 말하기 시작하면 그 의미는 다소 모호해진다.

앞서 언급한 것처럼 이러한 주제들로부터는 벗어나고자 하며, 그 결과 이런 질문을 던질 수 있을 것이다. 나는 왜 창조성의 문제에 대해 관심을 가지는가? 그 이유는 선택주의적 메커니즘을 따르는 뇌가 수많은 식별 가능한 상태를 만들고, 그것이 의식으로 이어진다는 것을 이해함으로써 창조적 행위에 대한 기초를 확립할 수 있다고 믿기 때문이다. 그렇지만 이

쟁점에 대한 논의를 신중하게 전개하고자 한다. 신경다원주의는 어떤 분야에서건 창조성을 발휘하는 우리의 능력에 대한 가장 유사한 설명, 혹은 궁극적 설명을 고찰하지 않는다. 하지만 신경다원주의는 의식 및 무의식적인 두뇌의 작용이 어떻게 해서 새로운 아이디어나 미술, 음악, 문학작품을 만들어내는지에 새로운 이해를 제공할 수 있다. 이러한 창작과정이나 창작물을 통해 우리 인간은 제2의 자연을 드러낸다. 외부세계에 대한 과학적 설명이 제1의 자연과 관련된다면, 창조성은 제2의 자연을 생산해내는 우리 뇌의 능력을 반영한다.

그 이유는 뇌가 가진 레퍼토리의 복잡성이 자연 그 자체로부터 오는 신호의 복잡성과 선택적으로 일치되기 때문이다. 이미 언급한 것처럼 신경다원주의의 가정이 옳다면, 모든 지각은 어느 정도 창조적인 활동이며 모든 기억은 어느 정도 상상력의 산물이다. 더구나 성숙한 뇌는 주로 자기 자신과 대화한다는 것을 생각해보라. 꿈, 이미지, 환상, 그리고 다양한 지향적 상태들은 의식적 처리과정의 기초가 되는 우리 뇌의 엄청난 재조합과 통합의 능력을 보여주는 것이다.

자유의지에 관한 문제를 잠시 접어두면 의식에 관한 신경다원주의와 그로부터 확장된 이론들이 이러한 통합적 활동들을 어떻게 설명하는지 확실히 알 수 있다. 우선 선택적 시스템은 다양성이 존재할 때 가능하다. 그 결과 발생하는 레퍼토리는 대체로 엄청나게 많은 수의 변이체(variant)를 포함한다. 이를 잘 보여주는 예가 바로 면역계이다.[1] 설사 각각의 개체가 여러 종류의 항체를 생산할 능력을 가지고 있더라도, 만일 그 변이체의 종류가 수백 개 혹은 수천 개 정도에 불과하다면, 우리의 몸은 바이러스나 박테리아에 의해 제시되는 다양한 외부항원을 인식하는 데 실패할 것이다. 실제로는 림프구 하나당 항체의 변이체수는 1000억 개가 넘는다. 그러나 일정 수준의 상한선을 넘으면 더 많은 항체를 생산하는 비용에 대한 이득은 감소한다. 적절한 규모의 항체레퍼토리 또한 구성요소에서 축중성을 보이는데 이는 외부에서 침입한 항원 하나가 구조적으로 다른 여러 개의 항체에 의해 인식되기 때문이다. 그러한 시스템은 그것이 궁극적으로 인식해야만 하는 대상으로부터 정보를 받아서 생기는 것은 아니다. 오히려 선택된 변이체들이 차별적으로 증폭되면서 생겨났다고 보는 것이 옳다.

뇌도 선택적 시스템이라는 점에서 같은 원리가 적용될 수 있다. 왜냐하면 신경회로와 신경동역학은 **일반적으로** 지각적 범주화를 통해 무엇을 인식해야 하는지에 관련된 지침을 주지는 않기 때문이다. 물론 뇌 속에도 각 개체마다 독특한 방식의 진화를 통해 결정된 가치평가시스템과 반사작용이 있다. 이것들은 외부환경에서 전해오는 신호와 내부에서 전달되는 신호에 반응하면서 신호의 선택과정에 어느 정도 제약을 가한다. 그러나 선택과정을 완전히 결정하지는 못한다. 이러한 뇌의 작동과정을 보면 E. M. 포스터(E. M. Forster)의 말이 떠오른다. "내가 내 말을 이해 못한다면, 내 생각은 어떻게 알 수 있겠는가?"[2]

그렇다면 이런 논의들이 창조성과는 무슨 관련이 있는가? 만약 시스템을 구축하면서 어떤 것이 인식되어야 하는지에 대한 정보가 없다면 풍부한 레퍼토리를 형성하는 와중에 오직 최소한의 인식만이 나타날 것이다. 만일 지침이 제공되지 않았고, 하물며 수많은 다양한 상태들을 인식해야 한다면 그 대가로 돌아오는 것은 특이성의 상실이다. 언어에서 보이는 노호함과 불분명함이 바로 뇌가 반응해야 하는 신호의 범위가 넓음으로 인해 감당해야만 하는 특이성 상실의 예이다. 실제로 동물들은 특정 생태적 지위 속에서 생존해야 하고, 그 지위는 각각의 개체가 적응해야만 하는 무수히 많은 신호들을 보낸다. 개체와 종이 생존하기 위해서는 특이성과 범위 간에 거래가 이뤄져야 한다.

뇌 혹은 면역계가 지니는 레퍼토리의 범위가 형성되면 최초의 선택적 단계를 넘어서기 위한 메커니즘이 반드시 필요하다. 초기에 선택된 레퍼토리들이 분화되고 확장된 후에는 다시 다듬어져야 한다. 면역계에서도 레퍼토리를 다듬는 현상이 일어나는데, 이는 돌연변이와 이미 선택된 세포의 재선택을 통해 외부항원에 더 잘 결합하는 항체를 생산함으로써 이루어진다. 물론 뇌에서 특이성이 나타나는 방법은 이와 전혀 다르다.

반응의 특이성을 증대시키기 위해 뇌는 수많은 기제의 도움을 받는다. 그중 하나는 시냅스의 강도를 변화시킴으로써 얻을 수 있는 경험적 선택인데, 이는 가치평가시스템에 의해 제한된다. 특이성과 범위 간의 대비는 학습초기의 탐색적인 반응에서 조건화된 반응으로 변화될 때 분명하게 나타난다. 특이성의 또다른 출처는 다른 것은 무시하더라도 신경반응의 특정 패턴에만 주의하는 주의력 기제에 있다.

발생할 수 있는 시상피질패턴의 반응조합은 가히 천문학적이다. 위에서 언급한 메커니즘들은 전화번호암기와 같은 단기작동기억(short-term working memory)이나 과거 사건에 대한 기억과 같은 장기일화기억(long-term episodic memory)과 연결되어 결과물을 내놓는데, 이는 뇌의 레퍼토리 간의 상호작용을 통해서 얻어진다.

여기서 중요한 것은 이러한 선택적 시스템이 우리의 생각과 심상은 물론, 논리나 수학적 연산 간의 다양한 조합을 폭넓게 허용한다는 점이다. 일련의 사고과정은 시각적 이미지처럼 관념적인 것이 될 수도 있고, 이미지가 꼭 필요하지 않은 언어처럼 추론적인 것이 될 수도 있다. 이런 점에서 볼 때 사고는 운동적인 요소가 중요하기는 하지만 실제 운동으로 이어지지는 않는 감각운동신경회로의 활동을 반영한다고 볼 수 있다. 비록 사고 시의 연결과 추론은 피질의 운동영역의 활동을 포함하지만, 운동피질은 척수나 근육의 운동신경세포로 신호를 보내지 않는다.

나는 이미 사고의 양식에는 두 가지가 있다고 했다. 바로 패턴인식과 논리이다. 나는 또한 새로운 것을 직면할 때에는 광범위에서 시작하기 때문에, 패턴을 인식하는 것이 논리보다 우선한다고 했다. 이러한 현상은 게슈탈트반응(gestalt response)과 어휘의 순서를 정하는 것, 그리고 다양한 분류작업에서 원시적인 형태로 나타난다.[3] 패턴인식은 매우 강력한 힘을 지니지만 일반성을 추구하기 때문에 특이성을 상실하게 된다. 때로 논리를 통해 모호성을 제거하려는 노력을 하기도 한다. 물론 잘 통제된 과학적 관찰은 이러한 상호작용에서의 특이성과 일반성을 크게 촉진시킨다. 범위에서부터 특이성으로 변화하는 과정은 뇌기반인식론과 전통적 인식론 사이에서 일어나는 생산적인 관계를 보여주기도 한다.

마침내 우리는 선택적 신경시스템의 반영인 창조성의 문제로 돌아오게 되었다. 고차의식을 가진 인간에서 핵심부상태 간 재조합은 엄청나게 자유롭다. 따라서 어떤 분야에서든 창조성은 식별할 수 있는 퀄리아의 거대한 범위 안에서 허용적으로 인정될 수 있어야 한다. 경험과 관습에 의한 제약은 다양한 "내적 경험"이 일어나게 하는데, 이러한 내적 경험에는 질서와 무질서, 긴장과 이완, 그리고 뇌의 핵심부과 무의식적인 부분 사이의 작용과 같은 것들이 포함된다. 물론 실제 드러난 결과물들은 특정 문화에서의 경험으로부터 오는 제약을 더 많이 받을 수 있다. 결국 이러한 경험들이 패턴에 대한 선택과 반응을 결정하는데, 그 결과 경험의 유입으로 기대가 변화하며 추상적 이해가 촉진된다.

대부분의 창조적 반응은 뭔가를 구성하려는 뇌의 본성에 의해 좌우된다고 할 수 있겠다. 이런 과정들은 신경심리학적 장애인 자각결여증(anosognosia)에서 나타나는 현실부정으로 연결되기도 하는데, 이는 다음 장에서 다루게 될 것이다. 컴퓨터프로그램에서 발견되는 오류가 반드시 제거되어야 하는 것이라면 각각의 개인이 새로운 상황을 만나 새롭게 적응해야 하는 때 나타나는 오류는 정상적인 사람에게서도 발견이 되며 이는 허용되어야 한다. 따라서 서양과학이 진리의 주요한 자원으로 성공적으로 자리매김한 이후에도 과학 스스로 검증하거나 오류를 밝힐 수 없는 기준이나 믿음에 의존하고 있다는 점은 그리 놀랄 만한 일이 아니다.

# 제11장 　　비 정 상 적 인
　　　　　　　　　　　상 태

정신병은 정말 이해하기 어렵고 당혹스럽다.
만일 내가 정신병에 걸린다고 했을 때 가장 두려운 것은
내가 당신의 상식적인 견해,
즉 내가 망상을 가지고 있다고 너무나 당연시 여기는
당신의 견해를 받아들여야 한다는 것이다.
―루트비히 비트겐슈타인(Ludwig Wittgenstein)

창의적인 천재성이 광기에 가깝거나 광기와 관계있다는 말을 흔히 듣는다. 그러나 광기의 의미를 손상된 기능, 망상, 혹은 환각을 초래하는 뇌의 질병에 국한시키면 천재성이 광기와 관련된다는 말을 그리 쉽게 할 수 없다. 창의적인 노력과 달리 약물반응, 만성적 퇴행성 뇌질환, 뇌졸중, 혹은 그 비슷한 증상들이 정상적 상태가 아니라는 것을 판단하는 데 그리 정교한 기준은 필요치 않다.[1] 신경심리학적 증후군 환자들은 뇌에서 그 증상의 명백한 원인이 되는 기질적 손상을 찾을 수 있다. 정신병의 경우 그 원인을 찾는 문제는 훨씬 더 미묘하며, 질병의 원인론과 병인론을 규명하기가 보다 까다롭다. 그럼에도 정신분열증 환자가 보이는 망상이나 환각 상태를 잘못 진단하지는 않는다. 그리고 정신분열증보다는 좀 어렵지만 양극성장애 환자들의 고통이나 그들이 보이는 행동, 즉 느리거나 조증상태의 행동은 정상적인 범위에서 벗어나 있기 때문에 그들을 올바로 진단하는 데 별 어려움이 없다.

그러나 신경증(neurosis)의 경우에는 진단적인 기준이나 규준이 분명하지 않다. 불행감은 신경증적 증상인가? 신경증적인 사람들은 단지 극심한 불행감 때문에 고통을 받는 것인가? 우리는 이런 문제에 대해 어떻게 답할 수 있는가?

나는 앞에서 기술한 뇌기능 및 의식에 대한 설명과 인간의 지식에 대한 과학적 발견이 비정상적인 정신상태의 문제를 조명하는 데 어떻게 도움이 되는지(아니면 그 반대로 비정상적인 정신상태가 뇌기능, 의식, 인간의 '앎'의 과정을 설명하는 데 도움이 될 수도 있다) 생각해볼 것을 제안한다. 이것이 매우 방대한 주제임을 감안할 때 이 책에서 이 문제를 상세하게 기술할 수는 없다. 다만 나는 신경심리학적 증후군들에 대해 먼저 고려해보려고 한다. 왜냐하면 그것들은 때때로 정상적인 뇌기능에서 볼 수 있는 여러 가지 현상을 설명해주곤 하기 때문이다. 그리고 나서 정신병, 특히 이런저런 방식으로 의식상의 문제를 일으키는 질병에 대해 간략히 고찰할 것이다. 마지막으로 나는 신경증이라는 다소 어려운 문제를 다룰 것이다. 내가 역점을 두고 싶은 것은 이 마지막 사례들이다. 왜냐하면 신경증과 정상적인 행동은 구별하기가 매우 어렵기 때문이다.

신경증과 관련하여 이 시점에서 제기할 질문은 사람들이 신경증에 관한 이론을 논리적으로 생각하고 있는 것인지, 아니면 단지 필요로 하는 것인지이다. 이 질문을 하면서 다양한 신경증 및 인간성격과 관련해 크나큰 영향을 끼친 프로이트의 이론을 떠올리게 된다. 위의 질문에 답하기 전에 먼저 정신분석이론 자체에 대한 내 입장을 개진하려고 한다. 우선 프로이트의 비범한 업적을 생각해보라. 때때로 그가 선보인 색다른 은유에 대한 일반인들의 평가와 상관없이 프로이트는 인간의 무의식이 행동에 미치는 영향을 기술한 가장 중요한 사람이었다. 게다가 인간의 성격구조에 대한 그의 설명을 받아들이지 않는다 하더라도, 자기방어(ego defense)라는 현상을 분명히 보여주고, 그것을 기술하는 혁신적인 용어를 제공했다는 점은 주목할 만한 업적이다.[2]

그러나 유아기의 성(性)과 꿈의 분석, 그리고 억압과 기억에 대한 그의 이론을 고려하면, 그에 대한 평가는 한층 더 어려워진다. 프로이트는 자신이 고안한 개념을 사용하여 신경증을 설명하는 심리학적 '이론'을 만들어냈다. 불행히도 소위 그의 이론은 일련의 은유들로 이루어져 있기 때문에 검증이 불가능하다(내가 앞서 지적했듯이 직유와 달리, 은유는 이해할 수는 있지만 입증하거나 오류를 입증할 수는 없다). 그의 멋진 비유들은 해석을 중시하는 인문학에서 매력적으로 받아들여졌고, 이는 프로이트의 이론을 성장시키고 보급하는 데 기여했다.

하지만 불행하게도 프로이트가 자신의 이론을 제안할 때 기초로 삼은 생물학적 근거들은 타당성이 부족했다. 한 가지 예로 그는 라마르크(Lamark)의 개념과, 개체발생은 계통발생을 되풀이한다는 헤켈의 생물발생법칙을 기초 삼아 자신의 이론을 전개했다.[3] 뿐만 아니라 정신분석의 치료적 효과를 검증하고자 시도했던 연구들은 후하게 평가해도 결론을 내지 못했으며 최악의 경우에는 의심스럽기까지 했다.

나는 프로이트의 상상력이 놀라우며 어떤 맥락에서는 매우 유용하기까지 하다고 생각한다. 그러나 그것이 과학적 통찰을 촉진하지는 못했다. 그럼에도 그의 노력은 내가 궁극적으로 제기하려고 하는 질문을 자극했다: 신경증에 대한 과학적 이론은 과연 필수적인가? 혹은 가능하기나 한 것인가? 이 질문에 대한 답을 얻으려는 노력을 하면 할수록 우리가 줄곧 말해온 환원주의의 문제를 다루지 않을 수 없다. 이러한 노력에 착수하기 전에 우선 신경심리학과 기질적 뇌질환의 문제로 잠시 돌아가자. 이것은 착각이나 신념의 기원과 관련된 뇌기반인식론의 여러 측면들을 밝혀줄 것이다.

기술적(descriptive)인 형태의 신경심리학연구는 초기 현대신경과학에서 그 기원을 찾을 수 있다.[4] 고전적인 예는 브로카(Broca)와 베르니케

(Wernicke)의 실어증(aphasia)이다. 소위 브로카영역까지 연결되는 운동연합피질에 손상을 입으면 언어생성에 문제가 생긴다. 브로카실어증 환자들은 말로 표현된 언어를 이해할 수 있지만 언어를 만들어내지는 못하며 구문이나 단어의 순서를 맞추는 데 결함(소위 문법착오증)이 있다. 반대로 베르니케실어증 환자들은 언어이해능력에 심각한 결함을 보인다. 병소(病巢)는 측두엽 윗부분 가까이까지 연결되어 있는 베르니케영역에 있다. 이 증후군을 보이는 환자들은 자신의 생각을 표현하지 못하는 빈말증상(empty speech)을 보인다. 그들은 종종 잘못된 단어(착어)를 사용하거나 새로운 단어를 만들어낸다.

브로카와 베르니케실어증 모두 19세기 후반에 보고되었고 신경심리학적 장애의 고전적 예들이다. 현대의 연구는 그것들이 앞서 기술된 피질영역을 포함하여 피질하부의 영역들과도 종종 관련된다는 점을 밝혔다. 하지만 그 연구의 역사적 의미 때문에 여기서 나는 그것들을 뇌졸중으로 인한 뇌손상의 결과로 발생하는 기능적 변형의 전형적인 예로 언급하고자 한다. 다른 예들로는 행동불능증(apraxia: 운동의 장애), 실인증(agnosia: 보고, 듣는 등의 능력이 있음에도 사물을 인식하지 못하는 장애), 실독증(alexia: 읽는 기술의 결핍), 실서증(agraphia: 철자 적기나 쓰기를 못함), 난독증(dyslexia: 읽는 데 어려움), 기억상실(amnesia: 다양한 형태의 기억손실), 그리고 상모실인증(prospagnosia: 얼굴을 인식하지 못함) 등이 포함된다. 이러한 어려움(그리고 내가 언급하지 않은 다른 많은 증상들)은 어느 정도는 특정한 뇌영역의 손상이나 태아의 발달과정에서 발생한 뇌의 부분적 발달손상에 기인한다.

여기서 언급한 장애들 중에서 뇌손상이나 발달상의 장애는 분명히 어떤 기능적 변형이나 손상을 초래한다. 각각의 장애는 일차적 보상, 망상적 반응, 작화증, 혹은 정상적인 사람들이 현실로 여길 수 있는 재구성 등과 깊은 관련이 있다. 때때로 이런 보상적 반응은 꽤 미묘해서 감지하기 어렵다. 하지만 어떤 때에는 이상해 보일 수도 있다. 내가 여기서 이러한 보상이나 망상적 반응, 작화증 등을 강조하는 이유는 두 가지이다. 첫째, 그것들은 명백히 뇌손상의 결과로 일어났으며, 둘째, 이런 반응들은 심각한 손상이 발생했을 때 뇌작용의 구성적 측면을 명백히 보여주기 때문이다.

뇌가 구성적으로 작동하는 놀라운 예 중 하나는 단절증후군(disconnection syndrome)에서 찾을 수 있다. 이들 중 대부분은 뇌량(腦梁, corpus callosum)의 분리 때문에 발생한다. 뇌량이란 두 개의 대뇌반구를 연결하는 수억 개의 신경돌기로 구성된 신경섬유다발인데, 아주 드물지만 이 접합부가 형성되지 않거나 어떤 유전적인 질병 때문에 분리되는 경우가 있다. 특정 형태의 간질 환자들은 뇌량을 절개하는 수술을 받아야 할 때도 있다. 이때 나타나는 증상에 대해서는 로저 스페리(Roger Sperry)[5]에 의해 대거 연구되었다. 스페리는 신경접합부를 절개한 환자들이 일상적인 상황에서는 정상인처럼 행동할 수 있지만, 특별한 상황, 즉 오른쪽 눈과 왼쪽 눈이 서로 다른 스크린을 응시해야 하는 상황에서는 정상인과 구별되는 행동적, 인지적 차이를 보인다고 했다. 환자들은 연구자의 지시에 대해 말이나 손가락으로 반응할 수 있었는데, 이때 예상한 대로 오른쪽 시각 영역에 있는 그림에 대한 언어적 반응은 좌반구를 통해 일어났다. 그러나 우반구는 (말이 아닌) 왼손으로 지적함으로써만 왼쪽 시각영역에 있는 영상에 반응할 수 있었다. 그리고 모양대로 토막을 배열하는 특정한 과제에서 우반구의 지배를 받는 왼손이 오른손보다 과제수행을 더 잘했다.

어떤 사례에서 한 젊은 환자는 스크래블블록(scrabble block)*과 비슷한

---

* 철자게임의 상표명으로 어구의 철자바꾸기와 단어연결을 혼합한 놀이.

과제에서 글로 쓴 질문에 왼손을 사용하여 올바른 철자를 맞추는 능력은 유지하는 것처럼 보였다. 좋아하는 록음악 가수에 대해 질문했을 때 그 환자는 좌뇌를 사용하여 말로 답했다. 그러나 왼손으로는 다른 이름을 적었다! 스페리는 이와 같은 결과를 통해 인간에게는 두 가지 유형의 의식이 있다는 결론을 내렸다. 말에 의해 지배되는 개인의 일상생활의 의식은 좌반구에서 일어나며, 보다 제한된 형태의 의식은 우반구에서 기인한다는 것이다(이러한 결론에 대해 여러 사람들이 문제를 제기했지만 오류를 입증할 수는 없었다).

하나의 몸에 있는 두 개의 의식적 반응자는 어디에서부터 유래한 것일까? 신경다윈주의이론을 좀더 확장해서 적용하면, 인간의 뇌에는 두 개의 역동적인 핵심부가 있고, 각각의 핵심부위가 가진 역량은 서로 다른 목표영역의 구속을 받는 재유입회로에 좌우된다고 가정할 수 있다.

왼손이 모순된 방식으로 과제를 수행할 때 말할 수 있는 환자는 명백한 모순에 대해 작화하거나 합리화한다. 이것은 정상적인 사람들의 인식과도 밀접한 관계가 있다. 의식적이며 말할 수 있는 사람의 뇌는 어떻게 해서든지 어떤 형태를 완성하거나 "앞뒤가 맞게" 이해할 수 있어야 한다.[6] 다른 신경심리학적 증상들에서도 유사한 현상을 발견할 수 있다.

한쪽 뇌의 기능이 손상되었을 때 생기는 다른 증후군들이 있다. 그중 하나가 편측공간무시증후군(hemineglect syndrome, hemispatial neglect syndrome)인데, 오른쪽 두정부피질([그림 1]을 보라)이 뇌졸중으로 크게 손상되었을 때 종종 발생한다. 이 환자들은 시야의 왼쪽 절반을 전혀 보지 못한다. 그래서 오른쪽만 면도를 하거나 시계를 12시부터 6시까지는 읽지만 6시부터 12시까지는 읽지 못한다.

우측 두정부를 포함한 더 넓은 영역에 심각한 뇌졸중이 발생했을 때, 자각결여증이라는 흥미로운 증상이 발생할 수 있다. 환자들은 왼쪽을 보지 못할 뿐 아니라 몸의 왼쪽 부분이 완전히 마비된다. 그런데 이 증후군을 앓는 환자들은 마비되고 있다는 것 자체를 부인한다! 그들은 식별력이 있으며 정상적으로 말하고 이해할 수 있다. 신경증이나 정신병을 보이지도 않는다. 그럼에도 불구하고 그들은 작화를 함으로써 움직이지 않았는데도 움직였다고 주장하며, 실제 행동과는 맞지 않게 대답한다. 그리고 몇 달이 지나 자신의 마비상태를 깨달았을 때에는 자각결여증 기간 동안의 행동에 대한 기억 역시 작화한다. 여기에서도 역시 과거의 학습결과와 뇌-신체 상호작용이 결합하고, 정상적인 증거에 의한 사고보다 자기일관성(self-consistency)이 강하기 때문에 망상적인 설명이 나타나는 것을 볼 수 있다.

이와 유사한 현상으로 안톤증후군(Anton syndrome)을 앓는 환자들은 그들이 생리적, 행동적으로 앞을 볼 수 없음에도 불구하고 볼 수 있다고 주장한다. 이와 관련된 현상으로 넓은 시각영역에 대해 두뇌피질상 맹인인데도 불구하고 보이지 않는 범위 내에 제시된 물체의 정체를 추측하는 질문에 올바로 대답하는 환자들이 있다. 상모실인증 환자에게서는 이전에 학습된 반응의 특정 양상들이 보이기도 한다. 이 환자들은 자신의 배우자의 얼굴을 알고 인식하는 것이 아니라 그 얼굴이 담긴 사진에 대한 검사 과정에서 검사자의 암묵적인 태도를 보고 답을 알아차린다. 때로는 환자의 확신이 정말 이상하게 보일 수도 있다. 예컨대 캡그라스증후군(Capgras syndrome)에서 어떤 환자들은 소위 중복기억착오(reduplicative paramnesia)를 보이는데, 이를테면, 환자들은 자신의 어머니가 진짜 어머니가 아니라 사기꾼이라고 주장한다.

측두엽에서 발생한 간질발작 때문에 환자가 분명히 새로운 장소에 전에 간 적이 있다고 하거나(déja vu) 전에 독특한 생각을 해봤다(déja pensée)는 확신을 가지게 되는 예도 들 수 있다.

뇌-신체 사이의 관계가 지식과 신념의 획득에 중요하다는 사실을 전달하고자 위와 같은 예들을 기술했다. 이런 증후군은 대부분 의식이나 주의력에 장애를 보인다. 아마도 가장 중요한 점은 그 증상들이 일차적으로 초기의 정신적 외상이나 환자의 정신병에 기인한 것이 아니라는 사실이다 (그러나 어떤 경우에는 정신과적 질병이 그러한 증상들과 유사하게 보일 수 있다).

이러한 증후군에서 작화가 나타날 때에는 소위 안와전두피질(orbitofrontal cortex)의 손상을 생각해보지 않을 수 없다.[7] 이 영역이 손상되거나 신경학적으로 다른 부분과 분리된 환자들은 종종 책임 있는 행동을 하지 못하거나 계획하는 능력이 부족하다. 또한 시상의 중간배측핵(mediodorsal nucleus)도 작화와 관련 있는 것으로 알려졌다. 이 영역은 부적절한 생각을 점검하는 데 필수적이며 이 영역이 잘 기능하지 못하면 작화가 발생한다는 가설이 제기되어 왔다. 하지만 이 가설은 이 영역과 나머지 부분과의 상호작용을 간과했다.

핵심적인 결론은, 이러한 증후군에 대한 병인론이 상세하고 완전하게 설명되지는 못할지라도 이를 설명하는 데 신경다원주의와 같은 총체적인 이론 외에 다른 이론이 더 필요할 것 같지는 않다는 사실이다. 물론 아직 해결해야 할 흥미로운 점들이 남아 있다. 어떤 특정 뇌영역이 손상되었을 때 재유입성 시상피질 상호작용 회로를 가진 선택적 뇌가 행동이나 신념의 측면에서 어떻게 특정한 방식으로 반응하는지를 구체적으로 밝히는 것이다. 이러한 질병을 앓을 때 재유입성 시상피질 상호작용이 총체적으로 변화되는지, 그래서 질병으로 인해 손상된 부분을 보상하기 위해 나머지 피질영역 간의 재유입회로가 발달하는지 등을 탐색해볼 수 있다.

다른 유형의 비정상적 정신상태, 즉 정신병의 경우는 원인을 파악하기가 훨씬 어렵다.[8] 정신병은 일상생활에서의 기능이나 현실접촉능력에 심각한 손상을 보이는 질병이다. 비록 정신병이 신경세포의 문제이거나 화학적인 장애라는 증거가 있긴 하지만 뇌손상의 문제라는 총체적인 증거는 없기 때문에 원인론과 병인론을 이해하기가 매우 어렵다. 중독성 정신병(예를 들어 중증 알코올중독자에게서 나타나는 코르사코프정신이상[Korsakoff psychosis])이나 제3기매독, 뿐만 아니라 알츠하이머질환 같은 치매 등의 예외도 있지만 말이다.

하지만 구체적인 병변을 확인하는 것은 어렵다. 예를 들어 표현되는 양상이 가장 다양한 정신질환인 정신분열증의 경우 그 원인이 소(小)유전자 변형 때문이라는 명백한 증거가 있다. 하지만 또한 복잡한 환경적 요소 때문일 수도 있다는 증거도 있다. 비록 구체적으로 밝혀내기는 어렵지만 말이다. 정신분열증 환자들은 복잡하고 다양한 증상들을 보인다. 여기에는 제3자의 환청, 제3자가 자신에게 어떤 영향력을 끼치고 있다는 착각, 그리고 외부세력에 의해 통제되고 있다는 망상 등이 포함된다. 이러한 증상들은 종종 정서적 둔감성과 친밀한 대인관계의 결핍을 동반한다.

기분장애(mood disorder)인 양극성장애(bipolar disease)가 아주 심하면 약물학적 불균형 때문에 행동반응의 속도가 크게 느려지고 우울한 의식상태가 나타난다는 증거가 있다. 환자의 발달배경을 모두 고려하더라도 앞서 언급한 증상들의 기원을 환경에만 두기는 어렵다. 신경심리학적 장애처럼 이러한 비정상적인 정신상태를 설명하기 위해 그 어떤 성격이론도 불필요할지 모른다. 오히려 그보다는 뇌 속의 기제에서 빌생한 변화를 확인하고 그것들을 뇌의 작용에 대한 과학적인 가설과 관련시킬 필요가 있다. 예를 들어 정신분열증 환자들이 겪는 환각이나 망상 같은 증상들은 고차적 정신과정을 담당하는 핵심영역과 비의식적인 뇌부위 사이에서 일어나는 재유입의 시점이 왜곡되었을 때 발생하는 것은 아닐까? 만일 생리적 혹은 미세해부학적 장애로 인해 핵심부의 반응을 연결시킬 때 특정한 시간적 지연이 일어난다면 실제와 달리 들리는 목소리나 외부세계의 악의적 태도로 환자가 자신의 생각을 혼동하는 현상이 발생할 수 있을지도 모른다. 어떤 경우든, 정신병의 비정상적인 증상의 병인론을 설명할 때 정교하거나 포괄적인 성격이론은 불필요한 것 같다.

우리는 그러한 성격이론을 조금이라도 필요로 하는가? 이 물음을 던지면서 우리는 "신경증"이라는 명칭으로 올바르게 (혹은 잘못) 분류된 가장 이해하기 어려운 일련의 증후군에 도달하게 된다. 이 영역은 프로이트가 심혈을 기울여 이해해보려고 했던 부분이다. 1980년 이전 신경증은 정신병에 비해 상대적으로 가볍고 현실과의 접촉이 손상되지 않은 일련의 질병이라는 포괄적 범주로 분류되어 있었다. 1980년 『정신장애에 대한 진단과 통계 편람 3판』(Diagnostic and Statistical Manual of Mental Disorders; DSM-III)에서 미국정신의학회(American Psychiatric Association; APA)는 이 포괄적인 범주를 없애고 대신 각각의 질병이나 증후군을 그 자체의 용어로 기술하였다.

신경증은 수많은 증상의 복합체를 포함한다. 불안장애(anxiety disorder)는 불안신경증(anxiety neurosis), 공포신경증(phobic neurosis), 강박신경증(obsessive-compulsive neurosis) 등을 동시에 포함한다. 히스테리성 신경증(hysterical neurosis)은 전환성 히스테리(conversion hysteria), 건강염려증(hypochondriasis), 신체화장애(somatization disorder) 등을 포괄하는 신체형장애(somatoform disorder)뿐 아니라 해리성 히스테리(dissociative hysteria), 심인성 기억상실(psychogenic amnesia), 둔주상태(fugue state) 등을 포괄하는 해리장애(dissociative disorder), 그리고 다중인격(multiple personality)과 이인증(depersonalization) 등의 범주로 분류될 수도 있다.

공포신경증을 가진 사람은 실제로는 전혀 위험하지 않은 사건, 물체, 신체기능에 대해 과장된 두려움을 보인다. 환자는 그러한 것들이 보내는 자극에 대해 극도의 불안을 보인다. 구체적인 예로는 광장공포증(agoraphobia: 공공장소에 대한 두려움), 고소공포증(acrophobia: 높은 곳에 대한 두려움), 폐소공포증(claustrophobia: 밀폐된 공간에 대한 두려움) 등을 들 수 있다. 강박장애에서는 특정 생각과 관념(강박관념)이나 행동(강박행위)이 반복적으로 나타나는데 환자는 그것을 자각하고 있으며 때때로 그러한 관념이나 행동을 중단하려고 하지만 그렇게 하지 못한다. 예컨대 세 번째마다 등장하는 모든 단어는 "더럽기 때문에" 한 손으로 자신의 입을 막으려는 행동을 반복적으로 하는 기괴한 사례도 있다. 환자는 이러한 자신의 생각이 이상한 것이라는 사실을 알고 있기 때문에 그의 현실검증능력은 살아 있는 셈이다.

히스테리성 신경증을 앓는 사람은 특정 근육이나 팔다리의 일부가 마비되는 증상을 보이기도 한다. 하지만 다른 사례는 시각장애나 청각장애를 호소하기도 한다. 또다른 사례에서는 해리현상, 즉 지각과 기억에 대한 의식적 자각을 상실하는 현상이 나타나기도 한다. 이것은 기억상실과 둔주상태, 즉 정체성이나 환자 자신의 과거에 대한 기억을 상실하는 상태를 초래한다. 신체화장애에서는 실제 신체상의 문제가 없음에도 불구하고 두통, 어지럼증 등의 여러 가지 막연한 신체적 문제를 호소한다. 이와 같은 증상들은 환자가 자신은 심각한 병에 걸려 있다고 확신하고 호소하는 건강염려증과는 구별된다.

지면의 제약으로 프로이트가 신경증을 설명하기 위해 제시한 풍부한 가설과 제안들을 모두 살펴볼 수는 없다.[9] 정신분석적인 관점에 의하면 신경증적 증상은 내면의 갈등으로부터 발생한다. 그리고 이러한 갈등의 원인은 유아기의 성적 충동이 좌절되는 경험에 있다. 정신분석의 기본가정은 역동적인 무의식에 대한 생각과 통합되어 있다. 즉 신경증에서는 그러한 갈등을 의식적으로 기억해내지 못하게 하려는 다양한 방어기제가 작동한다. 따라서 억압된 기억을 의식적으로 자각할 수 있게 돕는 것이 정신분석적 심리치료의 주요 목표가 된다.

이러한 생각 밑에 이드(id), 초자아(superego), 그리고 자아(ego)로 구성된 인간성격의 구조에 대한 설명이 자리 잡고 있다. 이드는 무의식적인 영역에 자리 잡고 있어서 본능적인 충동의 만족을 추구하는 것으로 간주된다. 초자아는 이드로부터 나오는 욕구를 금지하거나 억압하려는 부모와 사회적 압력의 결과로 이해된다. 그리고 자아는 한 개인이 직면하고 있는 현실 속에서 이드와 초자아 간의 갈등을 조정한다. 자아는 대체로 의식적인 자각과 동일한 것이다. 정신분석가가 당면한 과제는 신경증을 초래하는 억압된 갈등을 의식적인 영역으로 끌어내는 것이다. 즉 "이드가 있는 곳이면 반드시 자아도 존재할 것이다."

프로이트는 꿈속에는 개인의 소망을 충족시키려는 숨겨진 욕구가 들어 있다고 생각했다. 심리치료과정에서 꿈을 분석하면서 꿈은 무의식으로 가는 "왕도"로 여겨졌다. 성격구조, 억압된 무의식적 갈등, 그리고 성에 대한 그의 이론을 구성하는 과정에서 프로이트의 정신분석적 건축물은 심리학, 사회과학, 문학 등에 막대한 영향을 끼쳤다. 그러나 앞에서도 지적했듯이 프로이트의 이론은 과학적인 검증에 필요한 주요 조건들을 만족시키지 못했다.

프로이트의 이론은 그것이 검증 가능한지 여부와 무관하게 뇌기반인식론의 중요성을 다루었다. 우선 상징화를 대단히 강조했다. 자기방어기제는 한 개인이 어떤 방식으로 자기개념을 위태롭게 하는 위협들을 피할 수 있는지에 대해 아주 면밀하게 분석했다. 더욱이 지식과 경험이 억압될 수 있다는 사실은 의식적인 앎이나 신념 등이 한 개인의 인지적 구조의 작은 부분에 불과하다는 점을 시사해주었다. 이러한 점들과 그가 자신의 이론을 전개하면서 적절히 사용한 암시적 은유는 프로이트의 사고가 끼친 영향력의 규모를 부분적으로 설명해준다.

일정 부분 비과학적이고 정신분석치료가 거의 효과가 없다는 이유로 프로이트의 이론을 부정할지라도 한 가지만은 간과할 수 없다. 그것은 다른 모든 심리치료에 비해 정신분석은 한 개인의 발달사, 한 개인의 사적인 이야기(narrative), 신념, 그리고 사고의 양식에 대해 매우 큰 관심을 가지고 있다는 점이다.

이러한 노력은 긍정적 평가를 받을 만하지만 신경심리학과 정신병에 대해 논의할 때와는 달리 질문을 수정할 필요가 있다: 뇌에 대한 일반적 이론을 넘어 비정상적 상태에 대한 이론, 즉 신경증에 대한 이론이 가능하거나 심지어 필요하기나 한 것인가? 의식, 주의집중력, 비의식적 정보처리가 일어나는 뇌영역에서의 자동성, 그리고 가치평가시스템의 작동 등과 관련되는 신경학적 기제의 수준으로 해체해서 연구해야 하는 것은 아닌가?

나는 두번째 질문에 대해 긍정적으로 답하고자 한다. 프로이트의 이론은 매우 매력적인 은유로 가득하지만, 그것은 뇌-신체 상호작용에 관련된 연구에 의해 밝혀진 구조적 기제로부터 너무 동떨어진 용어로 기술되어 있다. 개인의 발달사에 많은 주의를 기울이고 있지만 정신분석은 개별성, 비가역성, 그리고 비선형성으로 가득한 개인의 역사를 일반적인 과학이론으로 설명하려고 한다. 우리는 인류의 역사가 그러한 일반적이고 환원주의적인 시도에 얼마나 강력하게 저항해왔는지 잘 알고 있다. 개인의 발달사는 실제의 시간 속에서 자신의 경험에 대한 보고나 기록을 제공한다는 점에서 인류의 역사와는 다르다. 그러나 그런 보고나 기록 역시 사람에게 꼭 필요한 착각의 한 형태이다. 더욱이 우리가 신경심리학적 증후군을 살펴보면서 알게 되었듯이 뇌는 결함을 채우거나 작화하는 방식으로 그 결함에 대해 반응한다. 이러한 경우 최소한 심리적인 문제의 근원을 성

심리적인 왜곡(pyschosexual distortions)에서 찾기는 어렵다.

프로이트가 선구적 역할을 했던 심리치료 자체를 내가 부정한다고 생각하지는 않길 바란다. 각 개인의 발달사에 내포된 우연성과 언어의 모호성에 대해 지금까지 말한 것을 전제로 한다면, 약물치료 같은 과학적이고 인과적인 접근과 함께 치료자와 환자 간의 상호작용을 활용하는 접근도 필요하다.

신경심리학, 정신병, 신경증에 대해 간략히 검토함으로써 우리는 서로 다른 수준의 뇌구조에 영향을 주는 원인과 반응의 범위가 매우 크다는 사실을 알게 되었다. 신경심리학적 관점에서 보면 환각은 어떤 영역의 뇌가 파괴됨으로써 발생한다. 정신병은 유전적이고 화학적인 변화가 현실검증과정에서 막대한 왜곡을 초래함으로 발생했다. 그리고 사고, 신념, 가치체계반응 간의 기능적으로 왜곡된 연결은 신경증적인 장애를 야기할 수 있다. 여기에서 우리는 선택적 시스템에서의 특이성과 범위 간 거래와 관련된 문제에 맞닥뜨리게 된다. 초기의 사고는 대체로 은유적이며 그것이 가진 연상력을 고려할 때 매우 유용하다. 그러나 고차의식의 작용으로 나타나는 은유와 특정 문화에서 통용되는 규범적 가치관 사이에 균형과 긴장이 없다면, 풍부하고 다양한 정서상태와 그것을 상징적인 언어로 드러내는 과정은 균형을 잃고 신경증처럼 나타날 것이다. 만약 신경다윈주의가 옳다면 정상적 상태에서라도 모든 지각은 일정한 수준에서 창조의 활동이며 모든 기억은 상상력의 결과이다. 다만 정신질환은 그 수준이 다른 것이며, 이제부터 밝혀야 하는 것은 어떻게 그리고 왜 그러한 수준이 변화하는지의 문제이다.

사고와 사고과정은 어떤가? 여기에서 실용주의의 진정한 창시자인 찰스 피어스(Charles Saunders Pierce)의 생각을 인용하고자 한다. 피어스는 감각은 그것이 지속되는 한 즉시 우리에게 제시된다는 점을 지적했다. 그는 의식적 삶의 다른 요소, 즉 사고는 일정 부분의 과거나 미래를 망라하는 시작, 중간, 그리고 끝마침이 있는 활동이라고 했다. 피어스에 의하면 사고는 "감각의 연결을 쫓아 흐르는 한 줄의 멜로디"[10]이다. 또한 의심은 사고를 자극하는 동기가 된다. 하지만 그런 의심 때문에 생긴 불편감을 완화시키고자 할 때 깨닫는 어떤 것이 신념이다. 그는 또한 신념은 행동의 규칙 또는 습관으로서 그것은 사고를 쉽게 하는 휴식처와 새로운 사고를 위한 시발점을 제공한다고 했다.

비정상적인 사고나 신념을 이해하기 위해서는 신경다윈주의와 같은 뇌이론의 타당성을 샅샅이 확인하는 작업이 필요하다. 그러나 그것만으로는 충분하지 않다. 우리가 비정상적 사고나 신념의 원인과 발달과정을 이해하려고 한다면 우리는 언어나 고차의식을 비롯한 모든 수준에서 뇌의 구체적인 기제에 대해 더 많은 것을 알아야 한다. 그렇게 함으로써 성격이론 같은 환원주의에 빠지지 않고 정신병과 뇌기반인식론을 좀더 깊이 이해하게 될 것이다.

# 제12장　　뇌 기 반 장 치 :

## 의 식 이　있 는

## 인 공 물 을　향 해

이 세상에는 단 하나의 실체가 있으며,
인간은 그 실체의 궁극적 표현이다.
가장 영리한 동물인 인간을 원숭이에 비교하는 것은
호이겐스(Huygen)* 행성시계장치(planet clock)를
쥘리앵(Julien)왕의 시계와 비교하는 것과 같다.
행성의 운동을 보여주기 위해 시간을 보여주거나 알려주는 것보다
더 많은 부속품들이 필요하다면,
그리고 보캉송(Vaucanson)**이 '오리'보다 '플루트 부는 사람'을 만드는 데
더 많은 기술이 필요했다면,
"말하는 사람"을 만들기는 더 어려웠을 것이다.
하지만 더이상 그러한 기계가 불가능하다는 생각을 해서는 안 된다.
새로운 프로메테우스의 손이 있는 한 더욱 그렇다.
─쥘리앵 오프루아 드 라메트리(Julien Offray De La Mettrie)***

......................................................................................................................

* 호이겐스(Christiaan Huygen)는 네덜란드의 물리학자이자 천문학자이다. 토성에 고리가 있
   는 것을 발견하였으며, 탄성체의 충돌문제, 진자운동을 연구하여 운동량보존법칙, 에너지보
   존법칙에 해당하는 이론을 전개, 역학의 기초를 세우는 데 공헌하였다. 또한 빛의 파동설을
   수립하고 '호이겐스의 원리'를 확립하였다.
** 자크 보캉송(Jacques de Vaucanson)은 프랑스의 기술자로 1738년에 최초의 기능로봇을
   만들었으며 먹고 오물을 치울 수 있는 기계오리를 만들었다.
*** 프랑스의 의학자이자 유물론철학자.

지금까지 우리는 정신적 삶의 생물학적 토대에 관심을 가져왔다. 우리가 뇌를 기반으로 의식을 이해하기 시작했다는 가정하에, 그를 통해 알 수 있는 인간의 지식과 경험에 대해 몇 가지 주제를 탐색했다. 항상 그렇지는 않지만 과학이 근본적인 원리나 메커니즘을 발견하면 이후에 그 지식을 적용한 기술이 발달하곤 했다.

이렇게 생각해보면, 결국 내가 제1장에서 언급했던 대담한 질문에 도달하게 된다. 즉 의식이 있는 인공물을 만드는 것은 가능한가? 제1장에 기술했듯이 그런 인공물이 탄생한다면 우리가 논의해온 인식론적 관심사에 중대한 결과를 야기하게 될 것이다. 실제로 우리가 의식의 기제를 완벽하게 이해함으로써 뒤따르게 될 결과물 중에 의식을 가진 인공물이 이후 가장 큰 영향을 미칠 것이다.

지금까지의 경험에 비추어볼 때 우리는 이 질문에 대해 긍정적으로 답할 수 있을 것 같다. 그런 장치를 만들기 위해 얼마나 오랜 시간이 걸릴지 모르지만, 그것을 만드는 과정에서 어쩔 수 없이 부딪칠 제약과 우리가 성취할 수 있는 부분이 무엇인지에 대해 생각해볼 수 있다. 우리가 고려해야 할 제약은 의식을 관장하는 뇌시스템의 특성과 관련된다. 우리는 뇌가 가진 여러 중요한 특성을 무시할 수 없다. 우선, 우리는 뇌가 선택적 시스템이라는 사실을 잊어서는 안 된다. 둘째, 뇌는 몸과 통합되어 있으며, 뇌와 몸은 정밀하게 상호작용한다는 사실에 주목해야 한다. 더욱이 뇌와 몸은 실제 환경 속에 존재하는데, 이 환경은 뇌와 몸 사이의 역학관계에 막대한 영향을 끼친다. 셋째, 재유입되는 시상피질핵심부는 엄청나게 복잡한데, 이러한 복잡성은 통합된 상태와 분화된 상태 모두를 포함한다(즉 단위장면은 역동적인 핵심부의 통합을 필요로 하는 반면, 일련의 연속적인 핵심부의 상태는 각기 식별된다). 마지막으로, 성분과 구조에 관한 질문이 남아 있다. 그 질문이란 '의식이 있는 인공물은 의식이 있는 인간뇌 속에 있는 것과 같은 화학적 요소로 구성되어야 하는가?'이다.

인공물이 어떻게 앞에서 제시한 주요 제약조건들을 만족시킬 수 있는지를 논의하기 전에, 가장 마지막 질문부터 생각해보자. 이와 같은 인공물이 반드시 생리화학적인 요소들로 만들어져야 한다는 입장은 생물학적 배타주의(biological chauvism)라 알려져 있다. 한편 극단적 자유주의(extreme liberalism)라고 알려진 또다른 쪽에서는 "하드웨어", 즉 뇌의 화학적 구성은 중요하지 않다고 주장한다. 왜냐하면 그 관점에서는 뇌가 일종의 컴퓨터로서 하드웨어가 무엇이든 순수하게 소프트웨어만으로 운영된다고 가정하기 때문이다. 나는 두 가지 관점 모두를 거부한다. 대신에 나는 재료가 무엇이건 기능적 요구에 적절히 부합하기만 한다면, 앞에서 언급한 여러 가지 제약하에서 의식경험을 수반하는 구조를 충분히 가지는 것으로 생각한다. 중요한 것은 인공물의 재료가 아니라 그것의 구조와 역동성이다. 그 인공물은 (의식을 가지고 있건 아니건) 기능하기 위해서는 실제의 뇌를 닮아야 한다. 신경과학연구소에서 개발한 일련의 뇌기반장치들의 디자인과 구조는 이와 같은 조건에 부합한다(발명자들은 이것을 뇌기반장치[Brain Based Devices; BBDs]라고 부른다).[1] 비록 그 장치는 의식적 행동은 하지 않지만, 지각적 범주화와 학습, 조건화가 가능하다. 그들은 일화기억을 수행하고 해마가 가진 기능을 보이기 시작했다. 그 결과 실제 환경 속에서 자동적으로 자신의 위치를 확인하고 목표들을 설정할 수 있다.

나는 이러한 뇌기반장치들을 매우 자세하게 기술하려고 한다. 그러나 그 전에 나는 이 장치의 설계를 이전에 발명된 기계들 및 로봇과 비교하고, 그동안 기계와 동물을 이용하여 다양한 과제를 수행하려 했던 인간의 노력에 대해 기술하고자 한다. 앞으로 밝혀지겠지만, 과거에는 이와 유사한 장치들을 만들려고 할 때, 기계가 의식을 가질 수 있다고 가정하지 않았다. 인간의 노동을 도왔던 동물에 대해서는 다소 의견이 다르기도 했다. 하지만 동물이 의식을 가질 수 있다고 가정하기보다 동물이 훈련된 행동을 할 수 있다고 생각하는 편이 더 일반적이었다.

거대한 피라미드의 시대부터 인간은 단순한 기계와 동물을 이용했다. 예를 들어 고대 천문관측의 시기부터 인간은 수동적이거나 정보를 제공하는 기계를 사용해왔다. 수동적이든 능동적이든 기계는 정해진 기능과 일을 수행하기 위해 고안되었다. 지레나 바퀴를 사용하던 시대와 좀더 복잡한 기계를 발명한 시대의 중간쯤에는 두 가지 동물, 즉 말과 개(드물지만 때때로 소와 코끼리는 밀거나 들어올리는 일을 했다)를 훈련시켜 이동하고 가축 떼를 몰기도 했다. 이후 증기기관이 철도에 활용되고 오토사이클(Otto cycle)엔진*을 자동차에 장착하면서 말은 점점 교통수단으로 사용하지 않

---

\* 1876년에 독일인 니콜라우스 오토(Nikolaus A. Otto)가 고안한 사이클로 흡입, 압축, 연소(동력), 배기, 4개의 행정(stroke)으로 하나의 사이클을 이루는 엔진을 의미한다. 4사이클스트로크엔진(4 Cycle Stroke Engine)이라고 불리기도 하는데 주로 자동차에 사용된다.

게 되었다.

전보, 전화, 라디오, 텔레비전 등의 통신장치가 발명되면서 정교한 기계가 점점 널리 사용되기 시작했다. 그리고 디지털컴퓨터의 발명으로 기계장치가 우리 생활에 폭발적으로 활용되기 시작했으며, 고체물리학(solid-state physics)과 극소전자공학(microelectronics)의 발전은 기계의 발전과 함께 우리 생활의 변혁에 불을 붙였다.

20세기의 가장 흥미로운 발명품인 디지털컴퓨터는 모든 기계의 정수(quintessential machine)라고 결론지을 수 있을 것이다. 그 어떤 연산도 효과적인 절차에 따라 수행할 수 있는 범용튜링기계(universal Turing machine)*가 가능하다는 앨런 튜링(Alan Turing)[2]의 생각은 요즘 세상에서는 매우 일반화되었다.[3]

왜 우리는 튜링의 이론을 **대충**(*grosso modo*)**이라도 뇌에 적용할 수 없는가? 그 이유는 다음과 같다. 우리는 이미 뇌가 발달하는 과정에서는 주사위를 던지는 것과 같은 일이 일정 수준 일어난다는 점(즉 인과적 논리를 따르지 않는다는 점)에 대해 이미 논의했다. 그리고 이런 현상은 튜링기계의 구조와 맞지 않다. 더욱이 몸과 뇌가 접하고 있는 이 세상은 수학적 연산을 통해 이해할 수 있을 만큼 그리 분명하지 않다(또한 뇌는 컴퓨터 연산 방식 또는 효과적인 절차의 요구에 부합되지 않는다). 뇌는 다양한 변이들의 레퍼토리로부터 선택됨으로써 사후에(ex post facto) 작동한다. 따라서 뇌 기반장치도 실제 세계의 변화무쌍한 맥락을 접하게 되면 선택을 거쳐 작동해야 한다.

---

* 튜링기계(Turing machine)란 컴퓨터의 실행과 저장에 관한 추상적인 모델로서 1936년에 앨런 튜링이 알고리즘에 대한 엄밀한 수학적 정의를 위해 도입한 개념이다.
** 이탈리아어로 대충, 대략이라는 의미이다.

우리는 당연히 다음과 같이 질문할 수 있다: 왜 우리는 로봇을 만들어 실제 생활에 필요한 행동을 하게 할 수 없는가? 로봇은 "여러 기능을 수행할 수 있도록 프로그램된 장치로서 구체적인 과제를 수행할 때 다양한 패턴으로 움직임으로써 부품이나 도구, 또는 전문화된 도구를 조종하거나 옮기도록 고안된 것"으로 정의할 수 있다.[4] 1940년대 후반부터 현재에 이르는 로봇공학의 발전은 매우 인상적이며, 제조나 조종과 관련된 주요 산업에서는 보다 나은 장치를 개발하기 위해 많은 관심을 기울였다. 물론 그들이 희망하는 것은 과거에 말이나 개가 했던 것처럼 사람과의 상호작용을 포함한 다양한 과업을 수행하기 위해 환경을 성공적으로 조종할 수 있는 완전한 자동로봇을 만드는 것이다. 몇 가지 성공적인 진전이 있었지만, 지금까지 이 아이디어는 완전히 현실화되지 못했다. 아직까지 그러한 장치들은 그 어떤 측면에서도 뇌나 선택의 원리를 따르는 신경생물학에 전혀 기반을 두고 있지 않다.

선택의 원리를 따르는 장치를 만들 가능성은 얼마나 되는가? 이 질문에 답을 함으로써 뇌기반장치의 제작가능성을 엿볼 수 있을 것이다. 뇌기반장치의 제작을 위해서 뇌가 작동하는 방식을 살펴보는 것이 중요한데, 그렇게 하려면 실제 살아 있는 다양한 종의 동물을 대상으로 한 행동실험으로부터 정보를 얻을 필요가 있다. 이러한 실험들은 현대신경과학의 영역에서 엄청나게 시식을 확상시켰다. 그러나 거기에는 방법론석이고 궁극적으로는 윤리적인 제한점이 있다. 즉 우리는 미시적인 분자에서부터 거시적인 행동에 이르기까지 뇌와 몸에서 일어나는 **모든** 사건을 동시에(또는 연속적으로) 조사할 수 없다. 그래서 복잡한 신경반응과 행동의 기원을 이해하기 위해 필요한 다양한 수준의 상호작용을 이해하는 것은 어렵거나 때때로 불가능하다. 그러나 만약 뇌기반장치를 만들고 그 작동방식을 추적할 수 있다면, 뇌의 다양한 수준에서 발생하는 사건과 행동 간의 상호작용에 대한 통찰을 얻을 수 있다.

이러한 가능성에 희망을 가지고 지난 12년간 신경과학연구소의 프로그램이 지속되었다. 연구소의 과학자와 기술자들은 특정 환경 속에서 자동적으로 과제를 수행하는 장치를 고안했는데, 이 장치는 그 구조와 기능이 선택의 원리를 따르는 뇌에 의해 통제된다. 이 프로그램을 통해 일련의 뇌기반장치가 만들어졌으며, 이것들은 찰스 다윈의 이름을 따서 '다윈'이라고 붙여졌다. 독자들이 이 장치의 설계방식을 이해할 수 있도록 나는 다윈VII, 다윈VIII, 다윈X 등 최근에 개발된 세 가지 장치의 구조와 수행에 대해 설명할 것이다([그림 3] 다윈VII 참조).[5]

이 장치에서 뇌기능은 여러 개의 강력한 컴퓨터가 담당한다. 뇌반응은 무선연결로 몸 또는 NOMAD(neurally organized mobile adaptive device; 신경으로 조직된 모바일적응장치)라고 이름 붙여진 운동장치로 보내진다. 그 장치에는 바퀴가 달린 플랫폼 위에 주변환경을 탐험할 수 있도록 다양한 센서가 설치되어 있다. NOMAD의 플랫폼 위에는 시각기능을 수행하기 위한 전하결합소자(電荷結合素子, Charge Coupled Device; CCD)*카메라, 청각을 위한 두 개의 마이크, 그리고 여러 모양의 토막을 집을 수 있는 집게케이블, 그리고 경우에 따라서는 표면이 거친 정도를 식별할 수 있는 수염돌기가 있다. 다윈시리즈가 작업하는 환경은 가로 3m, 세로 3.6m에서 6m 크기의 방으로 검은색 바닥과 울타리가 있으며 천장에는 밝은 불이 비추고 있다. 이런 환경 속에서 NOMAD 플랫폼은 시각, 청각, 촉각신호들에 대해 반응함으로써 자율적으로 여러 방향으로 다닐 수 있다.

---

* 미국 벨연구소가 개발한 새로운 반도체소자로, 종래의 트랜지스터소자와 달리 신호를 축적 (기억)하고 전송하는 두 가지 기능을 동시에 갖추고 있다. 사람의 눈역할을 하는 전자눈으로 도 각광받고 있다. 대규모 용량의 메모리와 카메라에 적합한 것으로 알려져 있다.

**[그림 3]**

뇌기반장치인 다윈VII은 줄무늬토막을 집어올려서 "맛보고" 작은 방울무늬를 피해 다니는 것을 배웠다. 시각을 입력하기 위해 전하결합소자카메라를 가지고 있으며, 청각적 입력을 위한 "귀"로써 마이크로폰을 가지고 있다. 또한 충돌을 피하기 위한 적외선감지기를 가지고 있다. 줄무늬토막을 잡는 것을 보여주는 집게는 전도성을 감지("맛보기")할 수 있으며, 움직이면서 만나게 되는 토막을 집을 수 있다. 가상의 뇌는 척추동물신경시스템에 근거하며, 지시보다는 선택에 의해 기능한다.

가상의 뇌는 포유류의 시각피질(mammalian visual cortex)과 하측두엽 피질(inferotemporal cortex), 청각피질(auditory cortex), 체성감각피질 (somatosensory cortex)([그림 1] 참조) 등의 신경해부학적 영역을 닮은 구조로 되어 있다. 이런 영역을 구성하고 있는 신경단위는 시냅스방식으로 연결되어 있고, 다양한 단위 간 연결의 비중은 시냅스강도에 있어 모델링 변화에 대한 규칙에 따라 수정 가능한 것이 일반적이다. 게다가 가상 뇌의 해부학적 회로는 실제 뇌에서 발견되는 회로를 모방하여 가치체계기능을 하는 부분을 포함한다. 이러한 특징들은 특정한 '다윈'의 뇌가 스스로에게서 오는 신호와 외부환경으로부터 오는 신호 모두에 선택적으로 반응하게끔 강제하는 데에 필수적인 것들이다.

신경단위는 평균(활동전위)발화율모델(mean firing-rate model)을 따라 반응한다. 이 모델에 의하면 각 단위는 대략 100개 뉴런으로 이루어진 집단의 집합적인 반응을 의미한다. 이러한 반응들이 일련의 운동신경출력을 유발하여 다윈으로 하여금 탐색이나 반동과 같은 움직임을 하도록 만든다. 이쯤에서 다윈VII을 살펴보자.

훈련이 시작되기 전, 다윈VII은 주어진 공간을 이리저리 탐색하며 다닌다. 시각으로 자극이 들어오면, 뇌기반장치는 그 자극에 이끌려 윗부분이 수평 또는 수직인 줄무늬 또는 작은 방울무늬로 뒤덮인 토막으로 접근한다. 충분히 가까이 접근했을 때, 그 장치는 집게로 가까이에 놓인 토막의 "맛을 본다." 여기에서의 "맛"은 전도력의 높낮이(집게는 접촉을 통해 그 변수를 측정할 수 있다)로 정의된다. 낮은 전도력은 가치평가시스템 내에서 회피하는 행동을 유발하고 높은 전도력은 친화적 움직임을 유발하여 집게로 토막을 집도록 한다.

이러한 제약조건을 지니고, 지시는 받지 않은 다윈VII은 초기에는 "좋은"맛과 "나쁜"맛을 내는 토막을 둘 다 집는다. 그러나 얼마 지나지 않아

줄무늬가 있는 "좋은"토막만을 들어올리고 맛보며, 방울무늬가 있는 "나쁜"토막은 피하게끔 조건화된다. 즉 낮은 톤의 소리를 내는 작은 방울무늬토막에 다윈VII이 접근하면, 다윈VII은 그 토막을 피하도록 2차조건화될 것이며, 높은 톤의 소리를 내는 줄무늬토막은 가까이에 가서 "맛을 보려고" 할 것이다.

1차와 2차조건화의 과정 내내, 실험자는 2만 5000개의 신경세포집단과 50만 개의 시냅스를 포함하는 다윈VII 신경시스템의 모든 반응을 기록할 수 있다. 하측두엽피질을 본 따 만든 영역은 신경세포집단에 일정한 반응패턴을 보인다는 사실이 밝혀졌다. 그런데 그 반응패턴을 보면 줄무늬토막과 방울무늬토막의 경우가 달랐다. 즉 줄무늬토막에 대해서는 토막의 위치에 상관없이 대체로 하나의 특징적인 패턴을 보였고, 그 패턴은 일관성 있게 유지되었다. 하지만 작은 방울무늬토막에 대해서는 새롭고 다른 형태로 패턴이 변화되었다. 패턴의 일관성은 다윈VII이 실제 하나의 움직임과 행동을 시작해서 완전히 마무리를 지은 후에 형성되었다. 그리고 동일한 해부학적 특징을 가지고 있는 다른 개별 장치는 각자의 특성과 독특한 "하측두엽"패턴을 형성했다! 사람의 선택적 뇌처럼 뇌기반장치에 장착된 뇌도 개별적인 활동패턴이 발달했다. 그런데 그 패턴은 개체가 서로 달라도 유사한 행동반응을 유발하는 경향이 있다.

이런 정보를 기초로 해서 두 가지 다른 뇌기반장치인 다윈VIII과 다윈X에 대해 간략하게 기술해보자. 다윈VIII은 다윈VII과 유사하지만 신경시스템이 재유입이라는 부가적 특성을 가지고 있다. 재유입회로가 있기 때문에 다윈VIII은 색깔이나 모양이 달라 혼동을 일으킬 가능성이 높은 물체를 구별할 수 있다. 한쪽 벽에는 녹색의 정사각형과 같은 크기의 빨간색 다이아몬드모양의 물체를, 반대편 벽에는 붉은색과 녹색의 정사각형들을 놓아두면, 녹색 정사각형이라는 시각적 자극과 청각장치의 신호에 근거하여 양쪽 벽의 녹색 정사각형을 선택하며 그 방향으로 자신의 몸체를 돌릴 수 있다. 이러한 구별을 할 수 있는 이유는 재유입회로가 서로 다른 종류의 자극을 통합해야 하는 문제—즉 서로 다른 뇌부위가 판단과 실행을 수행하는 최고영역 없이 어떻게 조화를 이루며 어떻게 서로 분리된 기능을 통합하는지의 문제—를 해결할 수 있기 때문이다. 이 장치는 하측두엽을 본 따서 만든 뇌의 영역에서 선택된 신경세포집단의 조화로운 점화를 통해 녹색과 정사각형을 올바로 연결시켰다.

다윈X은 신경세포집단과 시냅스의 수를 대폭 증가시켰을 뿐 아니라, 뇌의 또다른 영역, 즉 해마처럼 기능하는 부분을 포함시켰다. 신경세포집단의 수는 약 10만 개가 넘으며, 250만 개 이상의 시냅스로 서로 연결되어 있다. 동물의 해마는 일화기억, 즉 일련의 사건에 대한 장기기억을 담당한다. 또한 동물(예를 들어 쥐)이 환경으로부터 수집한 단서를 기초로 공간 내에서 자신의 위치를 확인하는 능력을 담당하기도 한다. 모리스수중미로(Morris water maze)* 속에 넣은 쥐를 예로 들면, 쥐는 아래가 보이지 않는 불투명한 물에서 잠시 휴식을 취할 수 있는 숨겨진 플랫폼을 찾을 때까지 수영을 해야 하게끔 설계되어 있다. 쥐는 미로 속에서 방향지시도 없이 수영을 해야 한다는 아주 불쾌한 경험을 하게 되는데, 이런 경험을 하면서 쥐의 해마는 주위를 둘러싼 벽으로부터 시각적 단서를 찾아 기억한다. 이를 기억한 쥐는 그 미로 속의 어느 지점에 다시 놓이더라도 숨겨진 플랫폼으로 정확하게 수영할 수 있다. 이는 부분적으로 해마에 있는 소위 공간세포의 활동과, 해마와 대뇌피질 사이에 발생하는 일련의 상호작용 때문에 가능하다.

다윈X은 물이 없다는 것을 제외하면 쥐와 유사한 상황에 놓인다. 공간

* 리처드 모리스(Richard Morris)가 고안한 쥐의 공간기억능력을 실험하는 수중미로.

에는 물 대신에 보통 다윈X이 그동안 익숙하게 접했던 검은색 마루와는 반사율이 다른 검은색 원이 있다. 뇌기반장치(다윈X)는 이 원을 미리 볼 수는 없다. 그러나 일단 다윈X이 원 위에 서면 적외선감지장치로 반사율을 감지하고 이에 대한 자극값을 자신의 뇌에 보냄으로써 그 자리에 검은색 원이 있다는 것을 발견할 수 있다. 다윈X이 움직이는 울타리의 벽 네 개 각각에는 다른 색깔의 줄무늬가 서로 다른 위치에 그려져 있다. 다윈X은 울타리를 돌아다니면서 이 줄무늬의 패턴을 기억한다. 목표가 되는 원을 지나가면서 그 원에 대한 자극값을 경험한 후에는 초기위치가 어디였든 상관없이 대체로 정확하게 원으로 갈 수 있게 된다. 사실 다윈X이 장착한 해마를 본 따 만든 장치는 쥐처럼 살아 있는 동물의 그것과 유사한 방식으로 공간세포의 특성을 개발한 것이다.

뇌기반장치는 여전히 초기단계에 있지만, 그것이 보여준 수행수준과 발달은 매우 고무적이다. 이 장치의 행동에는 반드시 유념해야 할 몇 가지 측면이 있다. 우선 이 장치는 앞에서 정의한 기존의 로봇이 아니다. 그들의 행동은 고정된 연산법칙의 결과에 따라 미리 프로그램된 것이 아니다. 그들의 뇌가 내부의 강력한 컴퓨터에 의해 움직이는 것은 사실이지만 미리 규정되거나 미리 지정된 목표라는 기능은 없다. 또한 뇌의 초기시냅스 강화는 무선으로 이루어진다. 뇌기반장치는 미리 정해진 프로그램 대신 동물의 진화와 발달 동안 일어난 것으로 알려진 신경-해부학적 구조와 신경기능을 모델로 하여 만들어졌다. 더욱이 그것들은 자신이 처해 있는 환경 내에서 다양한 신호를 수집하기 위해 자기 마음대로 여러 차례 움직일 수 있다. 게다가 그것들이 가지고 있는 "종별-특이"(species-specific) 패턴은 "유전된" 값에 의해 조건이 구속되지만, 그 값은 경계가 분명한 범주와는 다르다. 대신에 다윈장치들은 실제 세계에서의 경험을 통해 스스로의 지각적 범주화를 발달시킨다. 그리고 그에 대한 반응으로 적절한 기억시스템을 스스로 구성한다.

뇌기반장치가 보여준 수행과정은 배타주의와 자유주의라는 양극단의 견해를 모두 배제한다는 점에 유의해야 한다. 이 장치들은 생화학적 요소로 만들어진 것이 아니다. 더욱이 그것들은 실제 기계 속에서 작동하는 소프트웨어인 것만도 아니다. 그들은 살아 있는 것은 아니지만, 살아 있는 동물의 뇌에서 관찰되는 것과 유사한 회로기능이 수행하는 방식으로 조건화하고 지속적으로 차이를 식별하며 일화기억기능을 수행한다.

이제 처음에 던졌던 질문으로 돌아가보자: 의식이 있는 인공물을 만드는 것은 가능한가? 그러한 인공물의 의식이 꼭 살아 있을 필요가 있는가? 살아 있는 시스템은 자기복제가 가능하며 자기복제는 선택의 원리를 따른다고 생각할 수도 있다. 만약 개발된 뇌기반장치가 (현재로서는 의식적 시스템이 가져야 하는 기본조건에 부합하기 어렵다고 하더라도) 적어도 어떤 지침을 주는 게 있다면, 그것은 인공물의 의식이 반드시 살아 있을 필요는 없다는 점일 것이다. 지각과 운동시스템을 가진 몸이 주어졌다면, 이제 필요한 것은 기초적인 기저핵시스템과 상호작용하는 시상피질이 지닌 정도의 높은 복잡성이다. 현재로서는 이런 복잡성을 실현할 수 없다.

이런 구조적인 한계는 별개의 문제라 하더라도, 의식적 행동이라 인정할 수 있는 합리적인 기준을 만족시키려면 추가적으로 필요한 것들이 있다. 이런 인공물은 구문론과 의미론을 가진 진짜언어를 가져야 할 것이다. 환언하면, 그것들은 고차의식과 같은 형태의 특성을 가져야 할 것이다. 그러한 특성, 즉 우리에게 보고할 수 있는 특성을 가졌을 때에야 그 인공물이 의식적이라고 결론 내릴 만한 충분한 뇌기능을 가졌는지 여부를 판가름하는 실험도 가능하다.

현재 상태에서 이 목표는 요원하다. 그럼에도 불구하고 의식을 가진 뇌의 특성으로 보이는 고차원적 식별력을 가진 인공물이, 물리적 세계에 존재하는 패턴과 일관성에 대해 우리에게 무엇을 알려줄 것인지를 생각해 보는 것은 매우 흥미롭다. 그것은 우리가 경험하는 물리적 현상에서 보이는 일관성과 유사한 일관성을 보고할 것인가? 아니면, 신경심리학적 장애를 가진 사람들이 보이는 것과 비슷한 방식으로 이 세계를 이해할 것인가?

어떠한 경우이든 그러한 실체가 제작되었을 때 그것이 지각과 튜링의 논리가 합쳐진 복합체, 소위 지각-튜링기계[6]로 통합될 수 있을지의 여부는 정말 흥미롭다. 이런 복합체는 인간이 만든 소프트웨어프로그램을 따르는 컴퓨터 같은 구문론적 기계의 강점과 새로운 상황과 연산할 수 없는 입력을 처리할 수 있는 인공물의 의미론적 능력을 합쳐놓은 것이 될 것이다.

나는 미래의 어느 날에는 의식을 가진 인공물이 만들어질 것이라고 생각한다. 그러나 그것은 아직 요원한 목표로 남아 있다. 설사 그 목표에 도달한다고 해도 그러한 장치가 우리 인간의 독자성에 도전하기는 어려울 것이다. 뇌는 몸속에 있으며, 우리 인간은 쉽게 복사하거나 모방할 수 없는 생태적 지위와 문화 속에 놓여 있다. 이 모든 복잡성의 영향을 받아 나타난 인간이라는 표현형은 인간에게 독특한 퀄리아를 제공하고 있다. 의식을 가진 인공물이 이러한 표현형과 동일하게 될 가능성은 거의 0에 가깝다. 우리 자신의 현상적 상태가 지닌 고귀한 특성은 그 선두를 빼앗기거나 다른 것과 대치될 수 없으며 안전한 위치를 확보하고 있다.

현재 우리가 당면한 한계를 고려할 때 우리는 윤리적인 질문, 예컨대 '만약 인공물이 경험을 축적하고 자신의 독특한 정체성을 발달시켰는데 그러한 인공물이 가지고 있는 의식이라는 능력을 제거해야 한다면, 과연 그래야 하는가? 또 그렇게 할 때 인간은 어떤 책임을 져야 하는가?'라는 질문은 잠시 옆으로 미루어두어야 할 것이다. 지금으로서는 전혀 직면하지 않아도 되는 이 주제는 인간이 지닌 지식 자체의 도구적인 가치 및 도덕적 가치와 관련된다.

# 제13장 　 제 2 의 　 자 연 :

## 지 식 의 　 변 신

나의 시작은 결말에서 비롯된다.

—T. S. 엘리엇(T. S. Elliot)

찰스 다윈이 아주 성공적으로 묘사했듯이 우리는 자연의 일부이며 자연 속에 스며들어 있다. 하지만 우리는 아주 "자연스러운" 방식으로 보고 이해한다. 이것을 "제2의 자연"이라고 하는데, 우리에겐 너무나 익숙한 것이어서 이런 느낌이나 생각은 그것과 상반되는 자연과학적인 증거가 있음에도 불구하고 그와 무관하게 독립적으로 존재한다. 이 두 가지 종류의 자연은 과연 조화를 이룰 수 있는가? 상상력을 중시하거나 예술적인 사람은 그러한 조화가 "불필요하다"고 말할 것이다. 반대로 과학적 환원주의에 의존하는 사람들은 마음과 관련된 모든 문제는 뇌과학으로 설명할 수 있는 개념, 즉 추성적 규범으로 딘순화되어야 한다고 주장할 것이다.

그러나 내가 이 책에서 채택한 길은 앞의 두 가지 길과는 다르다. 나는 인간의 정신적 현상의 정점인 의식이 진화의 과정을 통해 어떻게 발현되었는지 검토함으로써 이 둘 간의 조화를 꾀했다. 의식의 생물학적 기반에 대한 최근 연구를 통해 의식이 선택의 원리를 따른다는 사실이 밝혀지고 있다. 이 원리는 우리가 겪는 경험의 복잡성, 비가역성, 그리고 역사적 우연성을 이해하는 데 필요한 바탕을 제공해준다. 인간의 '앎의 과정'과 밀접한 관련이 있는 이러한 특성은 예술이나 윤리 같은 정신적 현상의 산물을 과학적으로 기술하려는 극단적인 환원론으로 설명할 수 없다. 그렇다고 해서 의식적 퀄리아의 근원을 설명하기 위해 신체상태에 대한 이상한 설명이나 이원론, 또는 범심론(panpsychism)을 끌어들일 필요도 없다. 환원이 가능하기도 하고 불가능하기도 한 인간의 정신적 삶은 결국 우리 뇌의 구조와 기능에 토대를 둔다. 인간의 정신은 자연선택으로부터 생길 수 없다는 앨프리드 러셀 월리스(Alfred Russell Wallace)의 결론을 거부했던 다윈은 옳았다.[1] 내가 이제껏 보여주려고 한 것은 진화과정에서 발생한 사건들은 재유입과정에 필요한 신경해부학적인 구조를 제공했다는 점이다. 그리고 이러한 재유입은 의식적 경험의 특성인 변별이 가능한 차별적 상태, 즉 퀄리아를 발달시켰다.

시상피질핵심부 내 재유입회로의 복잡성으로 인한 방법상의 제약이 의식의 신경적 연결에 대한 연구를 가로막지는 못한다. 그러나 그러한 연결성에 대한 아무리 많은 실험도 그것만으로는 퀄리아가 발생하는 과정을 밝혀주지 못한다. 퀄리아의 발생과정을 올바로 이해하려면 뇌기반인식론 내에서 논리적, 언어적 분석이 달성되어야만 한다.

뇌의 핵심부분에서 진화적 원리를 따라 형성되는 신경세포의 배열현상은 적응측면에서 아주 분명한 장점이 있다. 뇌세포에서 일어나는 이러한 배열현상으로 인해 동물들은 수많은 내적, 외적 상태, 그리고 아주 다양한 형태들을 식별할 수 있다. 따라서 그러한 서로 다른 반응에 해당하는 퀄리아는 서로 다를 수밖에 없다. 왜냐하면 그것들은 신경세포들이 보이는 전혀 다른 배열들 사이에서 이루어지는 통합적 상호작용으로부터 발생하기 때문이다. 의식을 가진 동물들이 적응적 반응을 계획하는 현상은 이런 식으로 향상되었다. 우리가 인간이 된다는 것이 어떤 것인지를 알듯이 (경험이나 상동기관의 이해를 통해) 박쥐가 되는 것에 대해 모두 알 수는 없다. 그러나 박쥐의 핵심부의 상태가 주로 메아리를 통한 위치추적에 의해 분화되는 것처럼 인간의 핵심부의 상태는 시각에 의해 분화된다는 것을 추측할 수는 있다.

중요한 주제는 인간이 하는 의식적 경험의 효율성 문제이다. 뇌세포활동을 주관적 경험과 연결시키는 문제는 원인분석으로 해결된다. 퀄리아는 핵심부뉴런들의 상태에 따라 달리 만들어지는데, 핵심부체계들은 복잡하면서도 순간순간 바뀌는 통합적 상태와 의식장면을 만들어낸다. 따라서 헤모글로빈의 스펙트럼이 단백질의 분자구조에서 파생되듯이, 퀄리아 역시 신경세포의 상태에서 **파생**된다. 핵심부체계의 경우, 신경세포의 상태와 퀄리아 사이에 나타나는 수반(entailment)관계는 비록 축중성이 있다고 하더라도 충실한 관계인 것이다. 즉 모든 다른 조건이 동등하다고 가정할 때, 동일한 핵심부의 상태는 전혀 다른 퀄리아를 수반하지 않는다.

퀄리아 자체는 원인이 될 수 없다. 원인이 될 수 있다는 주장은 물리학의 법칙과 맞지 않는다. 그러나 꼭 이렇게 상반된 주장을 고집할 필요는 없다. 왜냐하면 C′로 표기되는 핵심부상태의 충실도와 인과적 유효성(Causal efficacy)*을 따져볼 때 그렇다. 우리가 C(특정 핵심부의 상태에 해당

........................................................................................

* 이것은 '나는 저 사람(사물)이 너무 좋은데, 그 이유가 무엇인지 잘 모를 만큼 마냥 좋다'든가 '나는 저 사람(사물)이 싫은데 왜 싫은지 그 이유가 명확하게 잘 떠오르지 않은 경험'을 지칭하는 말이다. 이런 상태를 철학자 화이트헤드는 인과적 유효성으로서의 지각사태라고 일컬었다. 이것은 경험의 가장 근원적인 차원으로서 명료하지는 않지만 느낌을 갖는 차원이며, 의식상에 명확히 떠오르기 이전의 무의식에 더 많이 기초하는 감각적 느낌이다. 이와 상대되는 개념으로는 현시적 직접성(presentationa immediacy)의 지각이 있는데, 이것은 자신이 왜 좋고 싫은지에 대해 명확하게 인지하고 있는 차원들, 왜 내가 그렇게 느꼈는지에 대한 설명이 가능한 차원들을 의미한다.

하는 퀄리아)로 부르는 해당 퀄리아는 원인은 아니지만 많은 정보를 제공한다. 물론 현재로서는 우리가 핵심부뉴런들 사이에 일어나는 천문학적인 상호작용을 완벽하게 그리고 세밀하게 묘사할 수 없기 때문에 지금은 C만이 전체적 핵심부의 상태, 즉 C′에 대해 알려준다고 볼 수밖에 없다. 우리가 "C언어"를 할 때 다루게 되는 윤리학이나 미학과 같은 정신 혹은 의식상의 사건들을 세포나 분자단위의 용어로 환원할 방법이 없다고 해서 의식현상이 극도로 접근 불가능한 영역에서부터 발생한다고 생각해서는 안 된다.

주관적인 의식경험을 해석하고 환원할 수 없음을 인정하더라도, 우리는 인간이 가진 제2의 자연이 과학적으로 기술할 수 있는 기반으로부터 어떻게 발생하는지 이해할 수 있다. 이 세상에 관한 과학적인 설명이 사적인 인상이나 감상보다 이 세계의 구조를 진실에 더 가깝게 보여주지만, 뇌의 작동과정을 지켜봤을 때 과학적인 가설 자체도 패턴인식력과 같은 아주 모호하면서도(때로는 환원 불가능하다) 이해하기 어려운 요소로부터 비롯된다는 것을 알 수 있다. 이러한 요소들을 완전히 분해하여 설명할 수는 없어도 그 요소들을 발현시키는 뇌의 구조와 기능은 과학적으로 설명할 수 있다. 이와 비슷한 생각을 예술이나 윤리를 생성하는 문화적 교류, 즉 엄격한 과학적 분석방법을 적용할 수 없는 영역을 설명할 때에도 적용할 수 있다. 이러한 관점은 인간이 가진 잠재력에는 한계가 없다는 것을 함의한다. 사회적 경험, 예술의 발달, 그리고 모든 영역에서 인간이 가진 지식을 확장하고 창조적으로 조합하는 일에는 한계가 없어 보인다.

거시적으로 말하면, 과학적인 관찰과 이론은 특정 행동을 야기한 뇌 속의 사건에 대해 설명할 수 있다. 인류역사에서 발생한 큰 사건들—즉 우주의 대폭발로 시작하여 우주, 은하, 지구, 생명의 근원, 진화, 포유동물의 뇌, 원시인의 핵심적 발전, 언어, 갈릴레오의 과학적 발견, 상대성이론 및 양자역학, 현대뇌과학, 의식의 신경학적 기반 등——은 결국 개인적 역사의 배경을 아주 구체적으로는 아니지만 개략적으로 기술할 수 있을 것이다. 개인적 역사는 다시 순환적으로 인류역사의 사건들 속에 내포되며 인류의 창조물을 설명하는 근거가 된다. 인간의 창조물은 궁극적으로 신경학적 선택으로부터 비롯된다. 이런 거시적인 관점은 갈릴레오가 제시한 과학적 지침이 누락시키고 있는 부분을 보완하면서 다윈의 프로그램을 완성시키는 데 도움이 된다.

뇌기반인식론에서부터 비롯된 이런 관점은 콰인의 생각과는 어떻게 다른 것일까? 이 책의 초반부터 언급했듯이 콰인이 의식을 몸에 속한 것으로 여겼다는 점에서는 옳았지만 동시에 그는 의식을 신비한 것으로 간주했다. 그는 데카르트가 가졌던 과학적 확신에 대한 희망을 거부했다. 즉 데카르트의 관점을 환상에 불과하다고 생각했다. 대신 그는 인식론이 자연화되어야 한다고 주장했는데, 감각 그 자체를 부정하지 않은 상태에서 외부에서 오는 신호 때문에 감각수용체가 받는 자극을 탐구하자는 의미였다. 그는 그렇게 함으로써 철학적이고 논리적인 분석을 과학과 연관시킬 수 있다고 했다. 그는 감각수용기에만 관심을 두었고 정신적 삶에 대해서는 아무런 관심을 가지지 않았다. 왜냐하면 지향성이라는 것을 이 세계에 대한 과학적 이론에 도입하면 "외연의 투명한 순수성: 즉 정체성의 지환"[2]을 파괴할 것이라고 생각했기 때문이다. 그러나 이러한 입상을 취하면서도 그는 인간의 지향성에 대한 과학적 탐구를 게을리하지 않았다. 내 생각에 그는 그 시대 지식의 한계를 인지하고 있었으며, 만일 오늘날 우리가 가진 의식에 대한 지식을 알았더라면, 그도 자신의 영역을 더 넓힐 수 있었을 것이다.

현대의 뇌과학 덕분에 위에서 언급한 제약들이 많이 사라졌다. 지향성에 대한 프란츠 브렌타노(Franz Brentano)의 관점, 즉 의식상태들은 대부분 물체나 사건들에 관한 것이라는 생각은 신경다윈주의를 조금 확장하면 설명할 수 있다.[3] 그는 의식이 기억시스템 간의 상호작용에서 생긴 지각적 범주화 때문에 생긴다고 했다. 특성상 이러한 범주화 과정은 필연적으로 무의식을 통해 물체와 사건에 대해서 일어난다.

나는 감각수용기 이상의 것을 다룬다고 해서 콰인이 소중하게 여긴 외연의 투명한 순수성이 파괴될 것이라고는 생각하지 않는다. 오히려 우리는 전통적인 인식론에서 배제했던 범위까지 인식론의 영역을 확장할 수 있을 것이다. 나는 내가 택한 방법이 심리학과 인식론 사이에 분명한 경계선을 긋지 않고 있다는 점을 인정한다. 그러나 바로 이것이 내 방법의 장점이다. 이 방법을 통해 우리는 언어에서 논리의 근원, 창의적인 패턴인식이 수학의 발전에 이바지한 방식, 과학적 경험주의의 역사적 그리고 관념적 기원, 그리고 모든 양식의 예술과 규범의 문제에 관해 의미 있게 생각해볼 수 있다. 물론 이러한 영역들 사이의 경계선들은 구체적이고 분명해야 한다. 그러나 언어가 고차의식에 속한다고 해도, 우리는 더이상 진정으로 타당화된 믿음의 기원을 언어에서만 찾을 수 있다고 생각하지 않는다. 근본적으로 뇌기반인식론을 받아들이는 것은 인간지식의 기원과 특성에 대한 우리 관점의 토대를 마련하기 위해 뇌과학과 심리학에서 얻은 경험적 자료를 수용한다는 것을 의미한다.

뇌기반인식론을 받아들이는 것이 곧 그 인식론이 완벽하다거나 인식론적 문제를 다룰 때 과학적으로 엄밀해야 한다는 규범을 버리자는 의미는 아니다. 뇌기반방법의 강점은 진리에 대한 다원적인(pluralistic) 관점에 과학적 기반을 제공한다는 점이다. 동시에 뇌기반인식론은 우리가 진리에 도달하는 과정에서 따라야 할 유용한 조건들을 제공한다. 의식에 과학적인 개념을 도입함으로써 자연주의가 일인칭권위(즉 의식적인 의지라는 착각)를 훼손시킬 것이라는 주장도 거부하게 된다. 언어의 기원과 문화의 영향에 대한 뇌기반인식론의 입장을 잘 검토해보면, 뇌기반관점이 전통적 인식론이 제시하는 지식의 타당화과정보다 한 걸음 더 나아간 표준적 타당화절차와 마찰을 일으키지 않는다는 사실을 알게 된다. 환언하면, 뇌기반인식론은 인식론의 주된 목표가 추론의 탁월성을 보장하는 규범들을 규정하는 것이라는 생각과 충분히 양립할 수 있다.[4]

진리란 그 기원이 이질적이라고 하더라도 표준적인 절차를 거쳐 생성된 것이기에 가치 있다.[5] 진리를 찾기 위해서는 많은 수단과 방법이 필요하다. 이러한 수단과 방법을 직접적으로 진화나 뇌생리학으로까지 거슬러올라가 찾을 수는 없다.[6] 이 책에서 전달하고자 하는 중요한 요점 중 하나는, 진화와 신경세포의 선택과정이 지식습득에 필요한 기반과 제반 구속조건들을 제공한다는 점을 인정해야 하지만, 진리가 진리임을 정당화할 수 있는 표준적 기준은 역사적, 사회문화적, 언어학적 요인들이 규정한다는 사실이다.[7] 핵심은 이러한 표준적 기준이 자연적인 방식으로도 수립될 수 있다는 점이다.

의식을 과학적인 용어로 분석하는 신경다윈주의는 데카르트의 정초주의와 이원론을 거부한다. 물리학과 생물학은 모두 역사적 기원을 인간의 경험에서 찾는데, 그 점을 고려하면 이 두 가지는 서로 공존할 수 있다. 여기서 경험이 과학적 사고와 어떤 관계를 가지고 있는지에 대해 언급하는 것이 유용할 것 같다. 원시인의 진화 및 문화의 공진화가 있은 후에 실험물리학 및 이론물리학의 발전이 가능해졌는데, 이러한 발전의 대부분은 갈릴레오의 업적으로부터 시작되었다. 과학적 관찰자 및 실험가들은 물리학의 일반법칙에서 구성요소가 되는 명제들을 개발했다. 여기에서 강조되어야 할 점은 사건에 대한 명제들은 그것이 기술하고 있는 사건 자체가 아니라는 점이다. 과학이 가지고 있는 예언력과 발명의 힘이 강력하긴 하지만, 과학이 세상을 복제하지는 않는다.

더욱이 다윈 이후 뇌의 기능과 의식에 대해 과학적 방법을 총체적으로 적용하게 되었을 때, 비슷한 한계가 드러났다. 과학적 명제는 경험 자체가 아니다. 물론 의식을 묘사함으로써 우리는 자신의 경험을 좀더 잘 이해할 수 있게 되었다. 이것은 물리학 단독의 힘만으로는 불가능한 일이다. 그럼에도 불구하고 경험 자체의 기반을 밝혀주는 명제를 기술할 때 경험이 더 중요하고 시간적으로도 우선한다는 점을 잊지 않는 것이 중요하다.

고차의식과 언어가 사고, 감정, 기억, 그리고 경험을 연결시키기 위해 순환적으로 작동하면 그 결과로 만들어지는 식별가능한 조합의 수는 거의 무한대로 증가한다. 우리는 수학으로부터 얻을 수 있는 확신에서 시작해서 '한여름밤의 꿈'과 같은 환상으로까지 이어지는 다양한 마음의 회랑으로 들어간다. 제2의 자연 중에서 진리에서 가장 많이 벗어나 보이는 부분도 새로운 진리를 창조하기 위해 반드시 필요한 부분이다. 물론 그 부분만으로는 불충분하다. 여러 종류의 진리를 정립하기 위해서는 다양한 기준이 적용되어야 한다. 여기서 요점은 진리는 그냥 주어지는 것이 아니며, 개인 내적으로 또는 사람들 간 상호작용하는 과정에서 일어나는 가치의 문제가 어떤 식으로든 다루어져야 한다는 것이다. 뇌의 재유입상호작용과정에서 나타나는 연합성과 축중성을 고려하면 개인 내적 또는 사람들 사이의 상호작용이 풍부할 것이라는 점은 그리 놀라운 일이 아니다.

이 세상에서 발생하는 외부사건과 의식에 대해 묘사할 때, 우리가 사건과 경험을 복제하지 않는다면 사적인 경험 자체도 지식의 한 형태로 볼 수 있을 것인가? 고차의식이 포괄하는 범위를 고려한다면, 사적 경험이 주관적이긴 하지만 퀄리아가 독특한 형태의 지식임을 인정해야 한다. 수많은 패턴인식의 가능성, 은유, 그리고 복잡성 등을 지식의 형태에 포함시킨다면, 그러한 지식은 타당화된 진정한 신념의 형식을 초월하는 새로운 형태의 지식이다.

만약 이러한 언어게임을 고수한다면 우리는 반드시 지식과 진리 사이의 관계를 제한해야만 한다. 이 책의 관점에서 보면 지식과 진리는 같지 않다. 이 관점에서는 개인의 창의적 경험과 심지어 정신병적 변이들도 일종의 지식이라고 인정하게 된다. 물론 예술작품을 접할 때 이루어지는 교류도 그렇게 인정될 수 있다. 물론 상호주관적 교류를 하는 동안 드러나는 진리의 다양한 측면을 접하게 되면, 우리는 지식의 범위를 제한하거나 지식을 그 정도로 광범위하게 정의하고 싶지 않은 마음도 있다. 그러나 진리는 지식의 여러 형태들로부터 만들어진다는 점에 비추어볼 때 우리는 최소한 이런 관대한 견해의 몇 가지 측면 정도는 인정해야 한다.

이와 관련된 문제로 어떤 사람이 자신의 뇌가 어떻게 작동하는지 아주 상세하게 알고 있다고 가정해보자. 그 사람이 신념이나, 욕구, 의도와 같은 신조(信條)에 해당하는 태도들을 자신의 것을 버리고 다른 사람들에게 내맡길 수 있다고 생각하는가? 그럴 수 없을 것이다. 하지만 그 사람은 뇌의 작동에 관한 지식을 가지고 있음으로써 최소한 터무니없는 가정이나 위선을 거부할 수 있는 능력은 가지게 될 것이다.

이 시점에서 뇌기반인식론의 전제들을 간략하게 요약하면서 이러한 주제들을 더 분명하게 조명해보자. A. J. 아이어(A. J. Ayer)는 다음과 같은 질문을 했다: 어떻게 지각체계가 발달해서 나중에는 신념을 형성하는 토대기 될 수 있을까?[9] 나는 여기에서 "시각"이라는 난어 뒤에 "(지각과) 의식에 관한 설명"이라는 구절을 덧붙여 질문을 수정하려고 한다. 그리고 아이어는 안다는 것은 곧 수행할 수 있음을 의미한다고 했다. 이러한 실용적인 진술은 계속되는 한 매우 좋지만, 수행수준이 문제되지 않는 기분(mood)에 관한 지식도 포함할 수 있도록 반드시 수정되어야 한다. 그럼 여기서 뇌기반인식론의 전제들이 어떻게 유용한 답변을 끌어내는지 살펴보자.

우선 뇌기반인식론은 물리학과 진화생물학을 기본토대로 받아들이고 있다. 그러므로 관념적 설명이나 이원론, 범심론, 그리고 뇌의 구조에 기초하지 않는 정신적인 표상들을 부인한다. 뇌기반인식론은 우리의 지식이 우리의 경험을 직접 모방하는 것도 아니고 우리의 기억을 그대로 옮겨놓은 것도 아니라고 주장한다. 그럼에도 불구하고 뇌기반인식론은 언어와 경험에 기초한 논리체계뿐 아니라 안정된 정신적 대상을 연구하는 학문인 수학의 기초가 될 수 있다.

놀랄 만큼은 아니지만 꽤 흥미로운 사실은 현대물리과학에서의 인식론은 이 주제에 대해 모호한 태도를 가지고 있다는 점이다. 반면 뇌기반인식론은 역사적으로나 생성순서로 볼 때 물리과학이 있기 전에 등장한 주관적 관찰자에 대해서 모호한 태도를 보이지 않는다. 우리는 관찰자의 진화과정상 기원을 과학적인 방법으로 설명할 수 있다. 그러나 신경다윈주의와 자연선택원리는 우리 지식과 행동에 영향을 주는 실제 역사적이고 문화적인 사건들을 위한 **기반**만을 제공한다. 물론 신경다윈주의의 주요 명제와 이 책에서 다룬 개념들을 받아들이는 사람이라도 진화인식론(evolutionary epistemology)이 내놓은 제안들이나 진화심리학의 아이디어들을 완전히 수용하기는 어려울 것이다. 왜냐하면 두 분야 모두 극단적으로 환원주의적이기 때문이다.

우리는 사고의 언어를 물려받지 않는다. 대신에 주변환경을 지각하고 그 환경에 대한 지도를 그림으로써 개념을 발달시킨다. 그러므로 궁극적으로 개념들은 주변세계에 관한 것이다. 생각 자체는 운동영역의 뇌가 활동(그 활동이란 실제 움직임을 수행하도록 전달되는 것이 아니다)함으로써 생기는 결과이다. 그리고 기저핵 같은 대뇌피질의 하부구조들이 뇌에서 발생하는 사건의 연속성을 확보하는 데 핵심적인 역할을 하며, 그 결과 문법 이전의 상태를 만들어낸다는 것이 뇌기반인식론의 전제이다. 그러므로 언어가 없어도 사고가 가능하다. 가장 초기형태의 사고는 은유적인 양식을 띠며 언어학자인 조지 래코프(George Lakoff)와 철학자인 마크 존슨(Mark Johnson)이 심상도식(image schemata)이라고 부른 것에서 시작한다.[9] 그리고 이러한 은유적 활동은 뇌의 축중성회로의 연결이 있기에 가능하다. 물론 언어를 습득하면서 이 힘은 크게 증폭된다. 어쨌든 패턴인식, 마무리, 그리고 틈을 채워넣는 기능을 가진 뇌는 제롬 브루너(Jerome Bruner)가 지적했듯이 주어진 정보를 초월하여 기능한다.[10]

뇌기반인식론에 의하면 논리적 능력과 일정 수준의 수학적 능력을 보이려면 고차의식이 필요하다. 그리고 이러한 고차의식이 완전히 표현되기 위해서는 진정한 언어를 습득해야 한다. 뇌기반인식론에 의하면 두 발로 서는 자세, 후두상부(supralaryngeal) 공간, 기저핵의 운동제어규칙, 그리고 확장된 대뇌피질이 진화하고 나서야 언어가 발명되어 나왔다. 이 이론은 뇌 속에 유전적으로 물려받은 언어습득장치가 있다는 생각을 거부하며, 언어습득이 후성적이라고 주장한다. 언어습득과 언어가 언어공동체에서 전파되는 현상은 비록 공통문법의 직접적 유전을 고려하지 않더라도 비언어적 인류 사이에서 언어를 지닌 인간을 명백히 선호할 것이다. 물론 언어를 사용하는 인간은 언어기술을 학습하고 선호하는 시스템에 작용하는 자연선택에 의해 더욱 선호될 것이다.

언어능력을 가지게 된 개체들이 경험하는 "세계"는 어떤 모습일까? 무엇이 객관적이고 무엇이 주관적인 것일까? 뇌기반인식론은 이상주의를 거부하면서 제한된 현실주의(qualified realism)적 관점을 받아들인다.[11] 제한된 현실주의란 표현형적 한계를 인정한다는 의미이다. 선택적 시스템으로서 우리의 진화된 몸과 뇌에 가해진 제약조건들은 이 세계에서 발생하는 사건이 엄청남에도 불구하고 그중 일부 견본만을 허락한다. 우리는 선택적 뇌에서의 다양성이 신경세포집단의 시냅스강도를 수정하는 데 작용하는 실제 선택적 사건과는 다소간 독립적이라는 점을 지적한 바 있다. 정상적인 뇌가 작동할 때 오류가 전혀 없거나 또는 교정이 불가능한 의식 상태란 없다. 우리는 현상적 상태에 대해서도 오류를 범할 수 있다(환각은 내용은 가질 수 있지만 대상은 없다). 뿐만 아니라 뇌가 형태를 보거나 사건을 이해할 때 끝을 마무리하고 빈틈을 채워넣으며 필요할 때에는 작화를 하는 성향이 있음을 논의한 바 있다. 또한 우리는 꼭 필요한 착각에 매여 있기도 하다. 한 예로 내가 "헤라클레이토스의 착각"이라 이름 붙인 것이 있다. 이것은 시간을 한 시점, 또는 과거에서 현재를 거쳐 미래로 진행하는 한 점으로 지각하는 현상을 의미한다. 그러나 실제로 과거나 미래는 개념에 불과하다. 기억되는 현재만이 아인슈타인의 시공간 내에서 실제 사건과 연계될 수 있다.

이러한 모든 특성 아래에는 뇌 속의 재유입시상피질시스템이나 역동적인 핵심부의 인과적 활동과 의식을 수반하는 복합적이고 통합적인 신경계의 반응패턴이 자리하고 있다. 이러한 패턴들은 무의식적 시스템의 작동에 힘입어 학습, 기억, 그리고 행동 등을 만들어낸다. 뇌기반인식론은 철학적인 의미든 다른 의미든, 그 어떤 의미의 행동주의도 거부한다. 왜냐하면 정신적 활동은 의식적이라고 믿기 때문이다. 그렇다고 비의식적인 뇌시스템이 역동적인 핵심부와 상호작용하거나 역동적인 핵심부에 영향을 미치는 구조와 역동성을 갖지 않는다는 것을 의미하지는 않는다. 이 점에서 프로이트가 제시한 인간행동을 조장하는 무의식적인 근원이라는 개념은 선구적이었다.[12] 실제 피질하시스템과 피질상의 기억시스템 사이에 발생하는 풍부한 상호작용은 해당 뇌영역 내에서 특정 사건을 만들어내는데, 이 사건은 우리 같은 의식적 생물체가 진화과정에서 등장하지 않았다면 결코 불가능했을 것들이다.

이러한 고차의식의 신경학적 기반으로부터 등장한 것들이 예술적 창조물, 윤리적 체계, 그리고 우리 자신을 사물의 질서 속에서 이해하게 하는 과학적 세계관 등이다. 이러한 세계관은 모든 형태의 진리를 이해하는 데 필요한 조직인 뇌에 대한 연구를 가능하게 하는 검증 가능한 진리를 제공한다. 뇌는 모든 형태의 진리를 이해하는 데 필수적인 기관이다. 검증 가능한 진리를 찾는 기반이 되는 과학적인 세계관은 뇌에 대한 연구를 가능하게 해준다. 하지만 뇌기반인식론은 예술, 미학, 윤리 등을 뇌의 작용에 관한 일련의 후성적 규범으로 환원시킬 수 있다는 관점을 거부한다.[13]

과학적 환원이 불완전하다고 해서 뭔가 잘못된 것은 아니다. 앞에서 언급했듯이 과학은 검증 가능한 진리를 만들어내기 위해 필요한 상상이다. 물론 과학의 궁극적인 힘은 이해에서 비롯된다. 그리고 우리 주변에서 보듯이 과학은 기술발전에 눈부시게 기여했다. 그러나 과학에서 필요한 상상력의 생물학적 기원은 시, 음악, 혹은 윤리체계의 형성에 필요한 근원과 다르지 않다. 인간의 사고과정에서 역사적이고 창조적인 차원을 인정하는 신경다원주의의 모델에서는 과학과 인문학 사이의 분열은 불필요하다.

과학은 여러 문화적 사건들에서 비롯되며, 보통 이러한 사건들을 계획해서 촉발시키거나 예언하지 않는다. 과학이론은 특성상 완성이 불가능하지만 그 정도면 우리가 할 수 있을 만큼은 성취할 수 있다. 과학은 이 세계와 우리 자신의 존재를 보장하는 구조석 소선을 규정해준다. 더 나아가서 과학은 우리가 이 세계나 우리 자신을 이해하는 방법에 대한 구조적 조건도 규정해준다. 의식을 분석하기 위한 최근의 과학적 탐색이 인간의 지식에 대한 우리의 미래상을 확장하고 변형시킬지라도, 제2의 자연의 기원과 한계를 심화시켜 드러낼 것임을 자신 있게 기대해볼 수 있겠다.

| 저자 미주 |

**들어가며**

**1** H. Adams, *The Education of Henry Adams*, 25장, p. 379 참조.

**2** Quine, *Ontological Relativity and Other Essays*, 3장 참조.

**3** Quine, *Quiddities*, p. 132~133 참조.

**4** James, "Does Consciousness Exist?"

**제1장**

**1** Whitehead, *Science and the Modern World*, 2장 참조.

**2** Darwin, *On the Origin of Species*, 참조.

**3** Mayr, *Growth of Biological Thought*를 보면 이에 대해 훌륭하게 설명이 되어 있다.

**4** Decartes, "Discourse on the Method"와 "Meditations on First Philosophy" 참조.

**5** Schrödinger, *Mind and Matter* 참조.

**6** 이 내용을 좀더 자세히 보고 싶다면, Heil, *Philosophy of Mind*를 참고하기 바란다.

**7** 자연선택이론의 공동 발견자인 월리스(Alfred Wallace)는 1869년 다윈에게 보낸 편지에서 다윈이 가진 이단적인 관점에 대해 지적했다. 월리스는 인간의 마음과 뇌가 자연선택에 의해 발생한 것이 아니라고 주장하면서, 비록 원시인이 추상적인 사고를 하지는 못해도 뇌의 크기 만큼은 영국인들의 것과 거의 같을 만큼 컸음을 강조하였다. 이에 다윈은 "저는 당신이 당신의 아이들과 나의 아이들을 너무 완벽하게 말살하지 않았기를 바랍니다."라는 답장을 보냈다. 이에 대해 좀더 알고 싶다면, Kottler, "Charles Darwin and Alfred Russel Wallace"를 참고하기 바란다. 또한 그 배경을 좀더 알고 싶다면, Richards, *Darwin and the Emergence of Evolutionary Theories of Mind and Behavior*를 살펴볼 것을 권한다.

**8** Edelman, *Bright Air, Brilliant Fire*, p. 188 참조.

## 제2장

**1** Edelman, *Neural Darwinism* 참조. 또한 *Neuron*에 게재된 나의 논문 "Neural Darwinism"을 참조하라. 이 두 문헌은 Edelman, Mountcastle, *The Mindful Brain*에서 처음 제안한 이론을 확장시킨 것이다. 이 모든 문헌들은 뇌기능에 대한 총체적 이론을 기술한 어렵고 학술적인 문헌으로 발표 이후 지속적인 지지를 받고 있다. 요약된 설명은 아래에 제시된 문헌을 참고하라.

**2** 뇌기능에 대해 요약해서 설명해놓은 내용을 보고 싶다면, Edelman, *Wider Than the Sky*를 참고하라. 좀더 구체적인 논의는 Edelman, *The Remembered Present*와 Edelman, Tononi, *A Universe of Consciousness*에서 찾아볼 수 있다.

**3** 초기의 설명들을 참고하고 싶다면, Reeke, Edelman, "Real Brains and Artificial Intelligence"와 Searle, *Minds, Brains, and Science*가 도움이 될 것이다. 그 이상의 논의는 나의 저서인 *Bright Air, Brilliant Fire*, p. 211을 참고하라.

## 제3장

**1** Mayr, *The Growth of Biological Thought*를 보면, 개체군사고에 대한 훌륭한 논의들을 접할 수 있을 것이다.

**2** Edelman, *Bight Air, Brilliant Fire*의 8장, "The Sciences of Recognition"을 보면, 면역체계와 클론선택이론에 대해 간략한 설명을 볼 수 있을 것이다.

**3** Edelman, *Neural Darwinism*과 *Wider Than the Sky*를 참고하기 바란다.

**4** 이 개념은 신경집단선택이론에서 가장 어려운 개념 중 하나로 Edelman, *Wider Than the Sky*를 보면, 이에 관한 간략한 설명을 볼 수 있을 것이다.

**5** 도파민보상시스템에 대한 학문적 검토를 보고 싶다면, Ungalss, "Dopamine"이 도움이 될 것이다.

**6** Edelman, *Neural Darwinism*과 *Bright Air, Brilliant Fire*, *The Remembered Present*를 참조하기를 권한다.

## 제4장

**1** 신경다위주의에 관한 확장된 견해나 신경그룹선택이론에 관한 내용은 Edelman, *The Remembered Present*와 *Wider Than the Sky*, 그리고 Edelman, Tononi, *A Universe of Consciousness*를 통해 좀더 자세히 살펴볼 수 있을 것이다.

**2** 퀄리아란 기능핵이 수반하는 식별력이며, 이것이 적응력을 높일 수 있다는 중요한 관점은 Edelman, "Naturalizing Consciousness"에 잘 요약되어 있다.

**3** 이 논쟁에 대한 내용은 나의 논문 "Naturalizing Consciousness"와 나의 저서 *Wider Than the Sky*, 7장에 잘 소개되어 있다. 또한 의식에 관한 과학적 접근의 역사적 배경을 알고 싶다면, Dalton, Baars, "Consciousness Regained"가 도움이 될 것이다.

**4** Freud, *On Dreams* 참조.

## 제5장

**1** Dancy, Soba, *A Companion to Epistemology* 참조.

**2** Wittgenstein, *Philosophical Investigations*를 참고하기 바란다.

**3** 플라톤은 우리에게 앎이 있다고 할 때, 앎과 관련된 눈에 보이지 않는 형상이 반드시 존재한다고 주장했다. 눈에 보이지 않는 형상만이 진정한 실체이다. 우리가 인식하는 대상은 눈에 보이지 않는 형상의 모사체일 뿐이며 덜 실체적이다. 그는 *Meno*와의 대화에서 문맹인 노예조차도 소크라테스의 가르침을 받기 전에 피타고라스의 이론을 알 수 있다고 주장했다. 이러한 선천론은 실재론과 무관하지 않다. 플라톤의 "Meno"를 참고하기 바란다.

**4** Descartes, *The Philosophical Writings of Descartes*, Cottingham, Sttothoff, Murdoch 옮김 참조.

**5** Rorty, *Philosophy and the Mirror of Nature*와 Tylor, "Overcoming Epistemology", 1을 참고하기 바란다. 인식론의 집념을 좀더 치밀하고 논리적으로 비판한 글은 Searle, "The Future of Philosophy"를 참고하기 바란다.

**6** Quine, *Ontological Relativity and Other Essays*, p. 69~90에 나오는 "Epistemology Naturalized"를 참고하기 바란다.

**7** 피아제의 저서인 *Genetic Epistemology*와 *Biology and Knowledge*를 참고하기 바란다. 내가 콰인의 이론부터 예를 들어 소개한 것은 이들 이론이 전부가 아니라 대표적 예임을 보여주기 위해서이다. 자연주의의 다양한 형태에 대한 포괄적인 설명을 위해서는 Kitcher, "The naturalists Return"을 참고하기 바란다.

**8** Messerly, *Piaget's Conception of Evolution*을 참고하기 바란다. 이 책은 피아제의 "biology"에 대한 전반적 개요를 제공하지만 이에 대한 유력한 비평을 제공하지는 못했다.

**9** Bishop, Trout, *Epistemology and the Psychology of Human Judgement* 참조.

**10** Campbell, "Evolutionary Epistemology"를 참고하기 바란다. Callebaut, Pinxte, *Evolutionary Epistemology*는 보다 포괄적인 설명을 제공한다.

**11** Dawkins, *The Selfish Gene* 참조.

**12** Cosmides, Tooby, "From Evolution to Behavior"를 참고하기 바란다.

**13** Lewontin, "Sociobiology: A Caricature of Darwinism"; Gould, *The Mismeasure of Man*; Caplan, ed., *The Sociobiology Debate* 참조.


## 제6장

**1** Boyd, Richerson, *The Origin and Evolution of Culture* 참조.

**2** Merzenich, Nelson, Stryker, Schoppman, Zook, "Somato-sensory Cortical Map Changes Followinf Manipulation in Adult Monkeys" 참조

**3** 신체적 용어에서의 은유에 대한 풍부한 분석을 찾아보려면, Lakoff, *Women, Fire, and Dangerous Things*를 참고하기 바란다. 관련된 설명은 Johnson, *The Body in Mind*에서도 찾아볼 수 있다. 심리학의 강조점을 종합한 내용은 박식한 정신의학자인 Modell, *Imagination and Meaningful Brain*에 기초한다.

**4** 이 가운데 두드러진 인물은 촘스키(Noam Chomski)이다. 그의 고전 *Cartesian Linguistics*를 참고하기 바란다. 그의 최근 견해는 *Some Concepts and Consequences of the Theory of Government and Binding*과 *Language and Thought*에 잘 나타나 있다.

**5** Tarski, "The Concept of Truth in Formalized Languages" 참조.

**6** 이 전체 논의는 논쟁의 여지가 있다. 예를 들어 최근에 나온 두 개의 글에서 대조적인 관점을 살필 수 있다. Lemer, Lzard, Dehaene, "Exact and Approximate Arithmetic in Amazonian Indigene Group"와 Gordon, "Numerical Cognition without World"를 참고하기 바란다. 이들에 대한 관점을 살펴보기 위해서는 Gelman, Gallistiel, "Language and the Origin of Numerical Concepts"를 참고하기 바란다.

**7** Carey, "Boostrapping and the Origin of Concepts"를 참고하기 바란다. 일반적인 배경지식을 위해서는 *The Number Sense*를 참고하기 바란다.

**8** Bell, *Men of Mathematics*, p. 277에 있는 또다른 인용구인 "신은 정수를 창조했다. 그 외의 다른 것들은 모든 인간의 작품이다"를 참고하기 바란다.

**9** Edelmadn, Gally, "Degeneracy and Complexity in Biological Systems" 참조.

**10** 이 개념은 흄이 사용한 것이다. 자연주의적 오류는 무어가 *Principia Ethica*에서 지적했다.

**11** 나는 개인적, 혹은 집단적으로 경험되는 인식, 기억, 태도의 총합을 지칭하기 위해 "제2의 자연"라는 용어를 사용한다. 이 용어는 아마 과학적 지식이 아닌 일상적 경험에서 얻어지는 상식의 개념으로 가장 잘 요약될 수 있을 것이다. 이 용어를 사용할 때 철학자 윌프레드 셀라스(Wilfred Sellars)가 기술된 의식에 나타난 형태(Manifest Image)와 과학적 형태(Scientific Image)로 구분한 것과 혼동해서는 안 된다. 그는 인식에 나타난 형태는 인류의 상식적 틀이며, 이 또한 교정적이며 귀납적인 과학을 포함한다고 보았다. 과학적 형태는 예를 들어 원자, 분자, 미시물리학과 같은 이론적 과학의 가설적 실체를 포함한다. 따라서 이 두 형태 모두가 과학적 지식을 가져올 수 있다. 셀라스는 철학자들을 겨냥해 이러한 구분을 만들었다. 나는 좀더 조심성 있게 이 용어를 사용하였으며, 단순히 일상에서의 생각과 결론을 과학적 추구를 통해 도달되는 지식과 대비시키기 위해 사용하였다. Sellars, "Philosophy and the Scientific Image of Man"을 참고하기 바란다. 내가 염두에 두고 있는 제2의 자연과 자연 간의 차이를 이해하기 위해서 Eddington, *The Nature of the Physical World*, ix~xii를 참고하기 바란다. 이 천재적인 천문학자는 앞에 놓인 책상을 "외부 성질의 색디른 힙성, 심리적 심상, 타고난 편견"으로 인식되는 책상과 "빠르게 돌고 있는 전기전하로 가득한 대부분이 텅 빈 공간"이라는 과학적 기술로 표현되는 책상으로 대비시켰다.

**12** Boyd, Richerson, *The Origin and Evolution of Cultures* 참조.

**13** Huxley, "On the Method of Zadig." 이 에세이에 나온 대화에 근거할 때, 헉슬리(Huxley)는 "예언"을 꼭 미래에 대한 예견이라기보다는 볼테르(Voltaire)가 그의 "Zadig"에서 지적한 것처럼 과거에 사건과 관련된 현재의 증거로부터 도출된 통찰로 이루어질 수 있다고 보았다.

## 제7장

**1** G. Sarton, *Appreciation of Ancient and Medieval Science during the Renaissance* 참조.

**2** Vico, *The New Science of Giambattista Vico*; Berlin, *Vico and Herder* 참조.

**3** Berlin, "The Divorce between the Science and the Humanities", p. 326 참조.

**4** Dilthey, *Philosophy of Existence* 참조.

**5** Vico, *The New Science of Ciambattista Vico*; Berlin, *Vico and Herder: Two Studies in the History of Ideas* 참조.

**6** James, "Does Consciousness Exist?" 참조.

**7** Whitehead, *Modes of Thought* 참조.

**8** Snow, *The Two Cultures and Scientific Revolution* 참조.

**9** Schrödinger, *Mind and Matter* 참조.

**10** Watson, *Behaviorism*; Skinner, *About Behaviorism* 참조.

**11** Churchland, *The Engine of Reason* 참조.

**12** 오토 노이라트는 소위 비엔나학파의 주요 인물이었다. 그는 인생 후반에 Unity of Science Movement의 후원을 받았으며, *Encyclopedia of Unified Science*라는 책을 출판하였다. 에 이어 편저인 *Logical Postivism*, "Sociology and Physicalism, Erkenntnis 2(1931~1932)"와 "Protocol Sentences(1932~1933)"를 참고하기 바란다.

**13** Wernberg, *Dreams of a Final Theory*, TOE의 견해에 반대하는 Layghlin, Pines, "The Theory of Everything"의 저서를 참고하기 바란다. 러플린(Laughlin)은 *A Different Universe*에서 극단적 환원주의에 반대하는 광범위한 설명을 제공하였다.

**14** Wilson, *Consilience*를 참고하기 바란다. 굴드(Stephen Jay Gould)는 *The Hedgehog, the Fox, and the Magister's Pox*에서 윌슨의 입장을 열정적으로 비판하였다. 특히 이 책의 제9 장, "The False Path of Reductionism and the Consilience of Equal Regard"를 참고하기 바란다.

**15** Wilson, *Consilience*, p. 11 참조.

## 제8장

**1** Berlin, "The Concept of Scientific History" 참조.

**2** Hempel, *Aspects of Scientific Explanation and other Essays in the Philosophy of Science* 참조.

**3** 이것은 고전적 용어로 명제평가태도(propositional attitude)를 의미한다. 명제란 그것이 참 인지 오류인지를 가늠할 수 있는 최소한의 진술이며, 사람은 이러한 명제에 대해 다양한 정 신적 자세를 가질 수 있다. 따라서 명제평가태도란 명제에 대해 가지는 마음의 상태이며 태 도이다. 이러한 명제평가태도에는 신념, 욕구, 의지, 소망, 공포, 의심, 그리고 희망 등이 포 함된다.

**4** B. Adams, *The Law of Civilization and Decay* 참조.

**5** Spengler, *The Decline of the West*; Toynbee, *A Study of History*를 참고할 것을 권한다. 슈

펭글러와 토인비 그리고 애덤스는 거시사학자로 불리기도 하며, 여러 가지를 대담하게 합성했다는 평가를 받는다. 비록 그들의 견해가 모두 옳았던 것은 아니지만, 그들이 가졌던 넓은 시야는 매우 훌륭한 것이었다.

**6** Gaddis, *The Landscape of History* 참조.

**7** Edelman, *Wider than the Sky*, p. 147~148 참조.

**8** Lakoff, *Women, Fire, and Dangerous Things* 참조.

**9** Wilson, *Consilience*; Gould, *The Hedgehog, the Fox, and the Magister's Pox* 참조.

**10** D. A. Hume, *Treatise of Human Nature*; Moore, *Principia Ethica* 참조.

**11** 철학자 에이브럼 스트롤(Avrum Stroll)은 원리 내부에조차, 과학으로 설명할 수 없는 사실이 있음을 강조했다. 스트롤이 쓴 *Did My Genes Make Me Do It?*을 참고하기를 권한다.

**12** Quine, *Ontological Relativity and Other Essays*; Edelman, *Wider Than the Sky* 참조.

## 제9장

**1** Van't Hoff, *Imagination in Science* 참조.

**2** 지향성은 Searle, *Consciousness and Language*에서 광범위하게 논의되었다.

**3** Quine, *Word and Object* 참조.

**4** 에피페노메널리즘(Epiphenomenalism)은 이원론과 유사하며 때로 반감을 갖게 하는 무시무시한 신조로 이해된다. 하지만 분자의 구조에 의해 수반되는 헤모글로빈의 색깔(좀더 정확하게는 색깔의 스펙트럼)을 설명하는 데 그러한 신조는 필요하지 않다. 스펙트럼은 원인이 될 수 없지만, 산소가 결합될 때 그것이 원인이 되어 색깔은 변화한다.

**5** 의식적 의지가 여러 가지의 착각과 같은 특성을 갖는다는 제안에 대해 Wegener, *The Illusion of Conscious Will*을 참고하기 바란다.

**6** Damasio, *The Feeling of What Happens* 참조.

## 제10장

**1** Edelman, *Bright Air, Brilliant Fire*, 8장 참조

**2** 이 인용구는 포스터(E. M. Forster)의 소설 *Howard's End*(1910)의 등장인물이 한 이야기이다. 정확한 위치를 찾을 수는 없어서 그저 한 이야기로 인용했다.

**3** Kanizsa, *Organization in Vision* 참조.

## 제11장

**1** 그럼에도 다양한 증상이나 신경심리학적 상태를 진단할 때 여전히 미묘한 부분들이 많다. 진단문제와 관련해 해결해야 할 과제들은 정신장애에 대한 진단과 통계편람인 *Diagnostic and Statistical Manual of Mental Disorders: DSM-IV-TR*를 보면 더욱 분명하게 드러난다.

**2** Freud, *Standard Edition* 참조.

**3** 헤켈의 생물발생학적인 법칙이 그 힘을 잃어가는 과정에 대해서는 Gould, *Ontogeny and Phylogeny*를 참조하기 바란다.

**4** 신경심리학적 증상에 대한 비교적 덜 전문적인 책으로 Feinberg, *Altered Egos; Hirstein, Brain Fiction*을 들 수 있다. 허스틴(Hirstein)은 우리가 어떻게 아는지, 우리가 아는 것을 어떻게 아는지와 밀접한 관련이 있는 주제인 작위증상에 초점을 맞추고 있다. 신경학자인 올리버 색스(Oliver Sacks)는 신경심리학적 증상이 존재나 앎의 방식에 미치는 영향력에 대해 뛰어난 통찰력으로 기술했다. 그는 신경학적 체계의 변화가 어떻게 행동에 반영되는지에 대해 수려하게 설명했다. *The Man Who Mistook His Wife for a Hat*을 참조.

**5** Sperry, "Some Effects of Disconnecting the Cerebral Hemispheres" 참조.

**6** Feinberg, *Altered Ego*; Hirstein, *Brain Fiction* 참조.

**7** Hirstein, *Brain Fiction* 참조.

**8** 이 책은 정신병이나 신경증에 대한 교재로 인용할 만한 것이 아니다. *DSM-IV-TR*의 적절한 부분을 보면 상세한 내용이 충분히 제시되어 있다.

**9** Wollheim, *Freud* 참조.

**10** Curtis, Greenslet ed., *The Practical Cogitator*, p. 31~35 참조.

## 제12장

**1** Krichmar, Edelman, "Brain-Based Devices for the Study of Nervous Systems and the Development of Intelligent Machines." 참조.

**2** 영국의 수학자이자 과학자로 제2차 세계대전을 승리로 이끄는 데 크게 기여한 전쟁영웅이었을 뿐만 아니라 컴퓨터의 아버지, 세계 최초의 해커, 인공지능(Artificial Intelligence; AI) 개념을 최초로 고안해낸 사람이다.

**3** Turing, "On Computable Numbers, with an Application to the *Entscheidungs* Problem" 참조.

**4** Hunt, *Understanding Robotics*, p. 7 참조.

**5** 다윈VII는 Krichmar, Edeman, "Brain-Based Devices"에서는 상세하게 기술되어 있지는 않다. 다윈VII는 다윈VIII과 유사하지만 뇌부분에 재유입구조가 없다. 좀더 상세한 정보를 얻으려면 Krichmar, Edelman, "Machine Psychology"를 참고하라. 이후 보다 상세한 정보는 Krichmar, Nitz, Gally, Edelman, "Characterizing Functional Hippocampal Pathways in a Brain-based Device as It Solves a Spatial Memory Task"를 참고하라.

**6** 그러한 지각-튜링기계는 뇌기반장치처럼 지각과 학습능력을 지닌 동시에 디지털컴퓨터처럼 지식과 계산능력을 가진 기계(튜링기계)로서 이 두 가지 영역의 능력을 통합한 기계가 될 것이다. 여기에서 지각 "기계"는 그 자체로 미리 프로그램될 수 없는 신기함과 새로움을 다룬다는 점에서 컴퓨터와 혼동하지 말아야 한다. 동시에 지각기계는 실수를 함으로써 학습한다. 그러한 기계의 두 영역 간의 의사소통은 막대한 수준으로 계산력과 패턴지각력을 증진시킬 수 있을 것이다.

## 제13장

**1** 다윈과 월리스의 교류에 대해서는 Kottler, "Charles Darwin and Alfred Russel Wallace"를

참고하라.

**2** Quine, *The Pursuit of Truth*, p. 71 참조.

**3** 브렌타노는 의도성에 대한 개념을 확장시켰는데, 그는 그것을 정신적인 것과 물질적인 것을 구별하는 기준으로 보았다. 이 개념에 대한 현대적 설명에 대해서는 Serle, *Consciousness and Language*를 보라. 브렌타노는 나중에 명백한 이원론자가 되었다. 그의 초기 주요 저작으로는 *Psychology from an Empirical Standpoint*가 있다.

**4** Bishop, Trout, *Epistemology and the Psychology of Human Judgment* 참조.

**5** Blackburn, *Truth: A Guide*; Lynch, *True to Life* 참조.

**6** Changeux, *The Physiology of Truth*. 이 책은 진화과정에서의 선택이 진리의 기초(즉 진리의 생리학)가 된다는 것을 주장하기 위해 신경다윈주의와 재유입이론을 활용하고 있다. 그러나 이 관점은 진리의 추구과정이—굴드의 용어로—탈적응(또는 굴절적응, exaptation)과정임을 간과했다. 의식의 발달과정에서 일어나는 선택은 계획기능을 위해서는 적응적 이점이 있지만 진리를 확보해주지는 않는다. 즉 진리의 생리학적 근본이 잘못되었다는 것이다. 지식이 진화하는 방식을 제시한 포퍼의 가정 역시 우리들의 비합리적 행동들을 살펴볼 때 그리 믿을 만한 것 같지 않다. 인식론으로부터 파생된 지침으로서 괜찮은 것은 비숍(Bishop)과 트루트가 제시한 추론에 대한 실용적 관점이다. 왜냐하면 우리의 뇌는 진리에 관한 지식을 성취하기 위해 진화한 것이 아니라는 주장이 강하기 때문이다. Kitcher, "The Naturalistic Return"; Stich, *The Fragmentation of Reason*을 보라.

**7** Goldman, *Knowledge in a Social World*를 보라. 또한 Kitcher, *The Advances of Science*를 보라.

**8** Ayer, *Philosophy in the Twentieth Century* 참조.

**9** Lakoff, *Women, Fire, and Dangerous Things*; Johnson, *The Body in the Mind* 참조.

**10** Bruner, *Going beyond the Information Given* 참조.

**11** Edelman, *The Remembered Present* 참조.

**12** Wollheim, *Freud* 참조.

**13** Gould, *The Hedgehog, the Fox, and the Magister's Pox* 참조.

| 참고문헌 |

Adams, B., *The Law of Civilization and Decay: An Essay on History*, New York: Macmillan, 1896, Reprint ed., New York: Gordon, 1943.

Adams, H., *The Education of Henry Adams*, Boston: Houghton Mifflin, 1973.

Ayer, A. J., ed., *Logical Positivism*, New York: Free Press, 1959.

————, *Philosophy in the Twentieth Century*, East Hanover, NJ: Vintage Books, 1984.

Bell, E. T., *Men of Mathematics: The Lives and Achievements of the Great Mathematicians from Zeno to Poincaré*, New York: Simon and Schuster, 1986.

Berlin, I., "The Concept of Scientific History", Berlin, *The Proper Study of Mankind: An Anthology of Essays*, New York: Farrar, Straus and Giroux, 1997, pp. 17~58.

————, "The Divorce between the Sciences and the Humanities", Berlin, *The Proper Study of Mankind*, New York: Farrar, Straus, and Giroux, 1997, pp. 320~358.

————, *Vico and Herder: Two Studies in the History of Ideas*, New York: Viking, 1976.

Bishop, M. A., and J. D. Trout, *Epistemology and the Psychology of Human Judgment*, New York: Oxford University Press, 2005.

Blackburn, S., *Truth: A Guide*, New York: Oxford University Press, 2005.

Boyd, R., and P. J. Richerson, *The Origin and Evolution of Cultures*, New York: Oxford University Press, 2005.

Brentano, F., *Psychology from an Empirical Standpoint*, 2nd ed., Trans. A. C. Rancurello, D. B. Terrell, and L. L. McAlister, London: Routledge, 1995.

Bruner, J., *Going beyond the Information Given*, New York: Norton, 1993.

Callebaut, W. and R. Pinxten, eds., *Evolutionary Epistemology: A Multiparadigm Program*, Synthese Library, Dordrecht: Reidel, 1987, p. 190.

Campbell, D. T., "Evolutionary Epistemology", P. A. Schlipp, ed., *The Philosophy of Karl Popper*, La Salle, IL: Open Court, 1974, pp. 412~463.

Caplan, A. L., ed., *The Sociobiology Debate*, New York: Harper and Row, 1978.

Carey, S., "Bootstrapping and the Origin of Concepts", *Daedalus* 133, 2004, pp. 59~68.

Changeux, J.-P., *The Physiology of Truth: Neuroscience and Human Knowledge*, Trans., M. B. DeBevoise, Cambridge, MA: Belknap Press of Harvard University Press, 2004.

Chomsky, N., *Cartesian Linguistics*, New York: Harper and Row, 1966.

———, *Language and Thought*, Wakefield, RI: Moyer Bell, 1993.

———, *Some Concepts and Consequences of the Theory of Government and Binding*, Cambridge, MA: MIT Press, 1982.

Churchland, P., *The Engine of Reason, the Seat of the Soul: Philosophical Journey into the Brain*, Cambridge, MA: MIT Press, 1996.

Cosmides, L. and J. Tooby, "From Evolution to Behavior: Evolutionary Psychology as the Missing Link", J. Dupré, ed., *The Latest on the Best: Essays on Evolution and Optimality*, Cambridge, MA: MIT Press, 1987, pp. 277~306.

Curtis, C. P., Jr. and F. Greenslet, eds., *The Practical Cogitator; or, The Thinker's*

*Anthology*, Boston: Houghton Mifflin, 1962.

Dalton, T. C., and B. J. Baars, "Consciousness Regained: The Scientific Restoration of Mind and Brain", Dalton and R. B. Evans, eds., *The Life Cycle of Psychological Ideas*, New York: Kluwer Academic/Plenum, 2004, pp. 203~247.

Damasio, A. R., *The Feeling of What Happens*, New York: Harcourt Brace, 1999.

Dancy, J. and E. Sosa, eds., *A Companion to Epistemology*, Oxford: Blackwell, 1992.

Darwin, C., *On the Origin of Species by Means of Natural Selection, or the Preservation of Favored Races in the Struggle for Life*, London: John Murray, 1859.

Dawkins, R., *The Selfish Gene*, New York: Oxford University Press, 1976.

Dehaene, S., *The Number Sense*, Oxford: Oxford University Press, 1997.

Descartes, R., "Discourse on the Method", *The Philosophical Writings of Descartes*, trans., J. Cottingham, R. Stoothoff, and D. Murdoch, vol. 2, Cambridge: Cambridge University Press, 1984, pp. 1~49.

————, "Meditations on First Philosophy", *The Philosophical Writings of Descartes*, trans., J. Cottingham, R. Stoothoff, and D. Murdoch, vol. 1, Cambridge: Cambridge University Press, 1984, pp. 109~176.

————, *Diagnostic and Statistical Manual of Mental Disorders: DSM-IV-TR*, 4th ed., text revision, Washington, DC: American Psychiatric Association, 2000.

Dilthey, Wilhelm, *Philosophy of Existence: Introduction to Weltanschauungslehre*, trans., W. Kluback and M. Weinbaum. New York: Bookman, 1957.

Eddington, A. S., *The Nature of the Physical World*, Cambridge: Cambridge University Press, 1929.

Edelman, G. M., *Bright Air, Brilliant Fire: On the Matter of the Mind*, New York: Basic Books, 1992.

————, "Naturalizing Consciousness: A Theoretical Framework", *Proceedings of the National Academy of Sciences USA* 100, 2003, pp. 5520~5524.

―――, *Neural Darwinism: The Theory of Neuronal Group Selection*, New York: Basic Books, 1987.

―――, *The Remembered Present: A Biological Theory of Consciousness*, New York: Basic Books, 1989.

―――, *Wider Than the Sky: The Phenomenal Gift of Consciousness*, New Haven and London: Yale University Press, 2004.

―――, and J. A. Gally, "Degeneracy and Complexity in Biological Systems", *Proceedings of the National Academy of Sciences USA* 98, 2001, pp. 13763~13768.

―――, and V. B. Mountcastle, *The Mindful Brain: Cortical Organization and the Group-Selective Theory of Higher Brain Function*, Cambridge, MA: MIT Press, 1978.

―――, and G. Tononi, *A Universe of Consciousness: How Matter Becomes Imagination*, New York: Basic Books, 2000.

Feinberg, T. E., *Altered Egos: How the Brain Creates the Self*, New York: Oxford University Press, 2001.

Freud, S., *On Dreams*, ed., J. Strachey, Reprint ed., New York: Norton, 1963.

―――, *The Standard Edition of the Complete Psychological Works of Sigmund Freud*, 24 vols, trans, J. Strachey in collaboration with A. Freud, assisted by A. Strachey and A. Tyson. London: Hogarth Press and Institute of Psychoanalysis, 1975.

Gaddis, J. L., *The Landscape of History: How Historians Map the Past*, New York: Oxford University Press, 2002.

Gelman, R. and C. R. Gallistiel, "Language and the Origin of Numerical Concepts", *Science* 306, 2004, pp. 441~443.

Goldman, A. I., *Knowledge in a Social World*, Oxford: Clarendon Press, 1999.

Gordon, P., "Numerical Cognition without Worlds: Evidence from Amazonia",

*Science* 306, 2004, pp. 496~499.

Gould, S. J., *The Hedgehog, the Fox, and the Magister's Pox: Minding the Gap between Science and the Humanities*, New York: Harmony Books, 2003.

———, *The Mismeasure of Man*, New York: W. W. Norton, 1981.

———, *Ontogeny and Phylogeny*, Cambridge, MA: Belknap Press of Harvard University Press, 1977.

Heil, J., *Philosophy of Mind: A Guide and Anthology*, Oxford: Oxford University Press, 2004.

Hempel, C. G., *Aspects of Scientific Explanation and Other Essays in the Philosophy of Science*, New York: Free Press, 1965.

Hirstein, W., *Brain Fiction: Self-Deception and the Riddle of Confabulation*, Cambridge, MA: MIT Press, 2005.

Hume, D. A., *Treatise of Human Nature*, London: Routledge and Kegan Paul, 1985.

Hunt, V. D., *Understanding Robotics*, New York: Academic Press, Harcourt Brace Jovanovich, 1990.

Huxley, T. H., "On the Method of Zadig: Retrospective Prophecy as a Function of Science", *In Science and Hebrew Tradition: Essays by Thomas H. Huxley*, New York: D. Appleton, 1894, pp. 1~22.

James, W., "Does Consciousness Exist?", James, *Essays in Radical Empiricism*, New York: Longman Green, 1912, pp. 1~38.

Johnson, M., *The Body in the Mind*, Chicago: University of Chicago Press, 1987.

Kanizsa, G., *Organization in Vision*, New York: Praeger, 1979.

Kitcher, P., *The Advances of Science*, New York: Oxford University Press, 1993.

———, "The Naturalists Return", *Philosophical Review* 101, no. 1, 1992, pp. 53~114.

Kottler, M. J., "Charles Darwin and Alfred Russel Wallace: Two Decades of Debate over Natural Selection", D. Kohn, ed., *The Darwinian Heritage*, Princeton,

NJ: Princeton University Press, 1985, pp. 367~432.

Krichmar, J. L. and G. M. Edelman, "Brain-Based Devices for the Study of Nervous Systems and the Development of Intelligent Machines", *Artificial Life* 111, 2005, pp. 67~77.

————, "Machine Psychology: Autonomous Behavior, Perceptual Categorization and Conditioning in a Brain-based Device", *Cerebral Cortex* 12, 2002, pp. 818~830.

Krichmar, J. L., D. A. Nitz, J. A. Gally and G. M. Edelman, "Characterizing Functional Hippocampal Pathways in a Brain-based Device as It Solves a Spatial Memory Task", *Proceedings of the National Academy of Sciences USA* 102, 2005, pp. 2111~2116.

Lakoff, G., *Women, Fire, and Dangerous Things*, Chicago: University of Chicago Press, 1987.

Laughlin, R. B., *A Different Universe: Reinventing Physics from the Bottom Down*, New York: Basic Books, 2005.

————, and D. Pines, "The Theory of Everything", *Proceedings of the National Academy of Science USA* 97, 2000, pp. 28~31.

Lemer, C., V. Izard and S. Dehaene, "Exact and Approximate Arithmetic in an Amazonian Indigene Group", *Science* 306, 2004, pp. 499~503.

Lewontin, R., "Sociobiology: A Caricature of Darwinism", P. Asquith and F. Suppe, eds., *PSA 1976, 2*, East Lansing, MI: Philosophy of Science Association 1977, pp. 22~31.

Lynch, M. P., *True to Life: Why Truth Matters*, Cambridge, MA: MIT Press, 2004.

Mayr, E., *The Growth of Biological Thought: Diversity, Evolution, and Inheritance*, Cambridge, MA: Harvard University Press, 1982.

Merzenich, M. M., R. J. Nelson, M. P. Stryker, A. Schoppman and J. M. Zook, "Somatosensory Cortical Map Changes Following Digit Manipulation in Adult Monkeys", *Journal of Comparative Neurology* 224, 1984, pp. 591~605.

Messerly, J. G., *Piaget's Conception of Evolution: Beyond Darwin and Lamarck*, Lanham, MD: Bowman and Littlefield, 1996.

Modell, A. H., *Imagination and the Meaningful Brain*, Cambridge, MA: MIT Press, 2003.

Moore, G. E., *Principia Ethica*, Cambridge: Cambridge University Press, 1903.

Piaget, J., *Biology and Knowledge: An Essay on the Relations between Organic Regulations and Cognitive Processes*, Chicago: University of Chicago Press, 1971.

————, *Genetic Epistemology*, New York: Columbia University Press, 1970.

Plato, "Meno", E. Hamilton and H. Cairns, eds., *The Collected Dialogues of Plato*, Princeton, NJ: Princeton University Press, 1961.

Quine, W. V., *Ontological Relativity and Other Essays*, New York: Columbia University Press, 1969.

————, *Pursuit of Truth*, Cambridge, MA: Harvard University Press, 1990.

————, *Quiddities: An Intermittently Philosophical Dictionary*, Cambridge, MA: Belknap Press of Harvard University Press, 1987.

————, *Word and Object*, Cambridge, MA: MIT Press, 1960.

Reeke, G. N., Jr. and G. M. Edelman, "Real Brains and Artificial Intelligence", *Daedalus* 117, 1987, pp. 143~173.

Richards, R. J., *Darwin and the Emergence of Evolutionary Theories of Mind and Behavior*, Chicago: University of Chicago Press, 1987.

Rorty, R., *Philosophy and the Mirror of Nature*, Princeton, NJ: Princeton University Press, 1979.

Sacks, O., *The Man Who Mistook His Wife for a Hat and Other Clinical Tales*, New York: Simon and Schuster, 1998.

Sarton, G., *Appreciation of Ancient and Medieval Science During the Renaissance*, New York: Barnes, 1955.

Schrodinger, E., *Mind and Matter*, Cambridge: Cambridge University Press, 1958.

Searle, J. R., *Consciousness and Language*, Cambridge: Cambridge University Press, 2002.

———, "The Future of Philosophy", *Philosophical Transactions of the Royal Society London, B*. 354, 1999, pp. 2069~2080.

———, *Minds, Brains and Science*, Cambridge. MA: Harvard University Press, 1984.

Sellars, W., "Philosophy and the Scientific Image of Man", Sellars, *Science, Perception and Reality*, London: Routledge and K. Paul, 1963, pp. 1~40.

Skinner, B. F., *About Behaviorism*, New York: Vintage, 1976.

Snow, C. P., *The Two Cultures and Scientific Revolution*, New York: Norton, 1930.

Spengler, O., *The Decline of the West*, New York: Alfred Knopf, 1939.

Sperry, R. W., "Some Effects of Disconnecting the Cerebral Hemispheres", Nobel lecture, *Les Prix Nobel*, Stockholm: Almqvist & Wiksell, 1981.

Stich, S., *The Fragmentation of Reason*, Cambridge, MA: MIT Press, 1990.

Stroll A., *Did My Genes Make Me Do It? And Other Philosophical Dilemmas*, Oxford: One World, 2004.

Tarski, A., "The Concept of Truth in Formalized Languages", Tarski, *Logic, Semantics, Metamathematics: Papers from 1923 to 1938*, trans. J. H. Woodger, Oxford: Clarendon Press, 1956, pp. 152~278.

Taylor, C., "Overcoming Epistemology", Taylor, *Philosophical Arguments*, Cambridge, MA: Harvard University Press, 1995, pp. 1~19.

Toynbee, A., *A Study of History*, Abridgement by D. C. Somerveld. 2 vols, Oxford: Oxford University Press, 1957.

Turing, A., "On Computable Numbers, with an Application to the *Entscheidungs* Problem", *Proceedings of the London Mathematical Society*, 2nd Ser., 42, 1936, pp. 230~265.

Unglass, M. A., "Dopamine: The Salient Issue", *Trends in Neurosciences 27*, 2004, pp. 702~706.

van't Hoff, J. H., *Imagination in Science*, trans. G. F. Springer, Berlin: Springer-Verlag, 1967.

Vico, G. B., *The New Science of Giambattista Vico* (1744), trans. T. G. Bergin and M. H. Fisch. Ithaca, NY: Cornell University Press, 1948; reprint ed., Cornell Paperback. 1976.

Watson, J., *Behaviorism*, New York: Norton, 1930.

Wegener, D, M., *The Illusion of Conscious Will*, Cambridge, MA: MIT Press, 2003.

Weinberg, S., *Dreams of a Final Theory: The Scientist's Search for the Ultimate Laws of Nature*, New York: Vintage, 1994.

Whitehead, A. N., *Modes of Thought*, New York: Macmillan, 1938.

———, *Science and the Modern World*, New York: Macmillan, 1925. Reprint ed., New York: Free Press, 1967.

Wilson, E. O., *Consilience: The Unity of Human Knowledge.*, New York: Vintage, 1999.

Wittgenstein, L., *Philosophical Investigations*, 3rd ed., New York: Macmillan, 1953.

Wollheim, Richard, *Freud: A Collection of Critical Essays*, Garden City, NY: Anchor Press/Doubleday, 1974.

# 행운, 뼈아픔, 뿌듯함, 감사함, 그리고 즐거운 긴장감

행운:『세컨드 네이처』를 번역할 기회를 가지게 된 것은 옮긴이에게 정말 큰 행운이었다. 이 책의 저자인 제럴드 에델만은 1972년 노벨생리의학상을 수상하고, 현재에는 그가 설립한 신경과학연구소에서 인간과 동물의 고차적인 뇌기능을 가능하게 하는 생물학적 기반에 대해 연구하고 있다. 반면 옮긴이는 서울대학교 교육학과에 재직하면서 인간의 교육적 변화, 특히 심리치료와 상담을 통한 인간 변화의 메커니즘을 연구하고 실천하고 있다. 에델만은 철저한 자연과학자인데 반해, 옮긴이는 인문사회과학자이다. 척 보기에도 에델만의 학문적 배경과 옮긴이의 배경은 너무 다르다. 물론 옮긴이도 인간의 의식과 학습 과정에 대한 중요한 설명 방법 중 하나인 신경다원주의에 매료되어 있었고, 나름대로 교육과 심리치료를 통한 인간 변화의 메커니즘을 생물학·뇌과학·인지과학·진화생물학 등의 관점에서 좀 더 새롭고 깊이 이해하기 위해 노력을 경주해오기는 했다. 그리고 기회가 닿는다면 뇌과학적 지식을 활용해서 인간 변화와 의식의 문제를 다룬 책들을 국내에 소개하고 싶은 소망을 가지고 있었다. 하지만 국내의 기라성 같은 신경과학자·뇌과학자들을 지나쳐 나에게까지 에

델만이 쓴 책을 소개할 기회가 올 것이라는 희망을 그리 크게 가질 수는 없었다. 그런데 그런 기회가 왔다. 내겐 큰 행운이었다.

**뼈아픔**: 하지만 번역의 과정은 그리 순탄치 않았다. 거기에는 크게 두 가지 이유가 있었다. 우선, 생물학·면역학·뇌과학·인식론·역사학·정신의학 등 다방면에 대해 에델만이 가지고 있는 지식의 폭과 깊이는 상상보다 훨씬 넓고 깊었다. 옮긴이는 자신이 운영하는 '마음과학과 상담'(Science of Mind and Counseling: SMC) 연구실에 속한 학생들과 함께 한 문장 한 문단을 씨름해가며 초역 작업을 했지만, 에델만의 진의를 파악하기 위해서는 별도의 공부를 꽤 열심히 해야 했다. 두 번째로 에델만은 독자들에게 그리 친절하고 이해하기 쉽게 글을 쓰는 사람은 아니었다. 『세컨드 네이처』(*Second Nature*)에 대해 여러 사람들이 쓴 서평을 보면, "정말 멋진 아이디어와 생각을 그 정도로밖에 표현할 수 없단 말인가?", "그는 뛰어난 교정자와 편집자가 필요하다"와 같은 비판이 꽤 많이 눈에 띈다. 사실 초역 과정에서 옮긴이는 에델만이 전하고자 하는 메시지를 독자들에게 가능한 한 쉽게 전달하기 위해 지금의 한국어판보다 훨씬 많은 양의 주석을 포함시켰다(이 주석들은 교정 과정에서 본문의 의미가 더 명료하게 다듬어지면서 대부분 삭제되었다). 에델만의 글을 번역하고 주석을 다는 과정은 옮긴이와 초역을 맡은 학생들에게 많은 공부가 되었지만, 그만큼 뼈아픈 과정이었다.

**뿌듯함**: 하지만 이제 번역을 마쳤다. 그동안 앞서 말한 뼈아픈 과정도 있었지만, 이 시점에서 생각해보면 이처럼 의미 있는 책의 번역을 마칠 수 있었다는 사실에 뿌듯하다. 그리고 자칫 뇌과학적 용어에 압도되어 에델만이 전달하고자 하는 핵심—자연과학과 인문학의 화해, 새롭게 이해하려고 했던 의식의 본질, 물리학적 자연세계와 독립적으로 부유하는 '세컨드 네이처'의 본질 등—

을 놓치지 않을 수 있었다는 점에서 뿌듯하다.

**감사함:** 뿌듯함과 함께 잊을 수 없는 것은 그동안 옮긴이 연구실에 속한 학생들이 해준 수고, 도서출판 이음의 편집자들이 보내주셨던 지원, 도움말을 써주신 정수영 박사님의 탁월함과 정성, 원고 전체를 검토해주신 외부 자문님들의 날카로운 평가, 그리고 누구보다도 이런 번역의 기회를 주시고 오랫동안 기다려주신 윤병무 사장님의 인내 등이다. 이 모든 분께 깊이 감사한다.

**즐거운 긴장감:** 이제 옮긴이 후기를 쓰는 시점에서 옮긴이는 즐거운 긴장감을 느낀다. 옮긴이는 『세컨드 네이처』를 통해 세상과 의식을 보는 눈이 바뀌었다. 인지적 복잡성이 증가하고 관점이 변화하면서 느낄 수 있는 즐거움을 경험하고 있다. 그러나 동시에 이 번역서가 출간되면 한국의 독자들이 어떤 반응을 보일까에 대해서 약간의 긴장감을 느낀다. 물론 그 긴장감은 에델만의 아이디어에 대해 보일 반응에 대한 긴장감도 있다. 그러나 그보다는 옮긴이의 번역이 그의 아이디어를 제대로 전달하고 있을까에 대한 긴장감이 더 크다. 왜냐하면 에델만의 아이디어에 대한 신뢰가 큰 옮긴이로서는, 만약 그의 아이디어가 독자에게 잘 전달되지 않았을 때 그 책임을 진직으로 옮긴이 자신에게 돌릴 수밖에 없기 때문이다. 이 번역서를 통해 에델만의 아이디어가 독자들에게 정확히 전달되고, 옮긴이가 원본을 읽으며 느꼈던 지적인 희열을 독자들도 함께 경험할 수 있기를 진심으로 바란다.

관악산 SMC 연구실에서

김창대